JN303141

鉄道車両のパーツ

パーツ別
電車観察学

石本祐吉

アグネ技術センター

口絵1　パンタグラフの林
JR大宮工場構内，新幹線高架下の光景である．

口絵2　ロシアの市電
サンクト・ペテルブルグ郊外の国電駅前．右側の連結車はパンタを下げている．

口絵3　旧形国電の回り子式密着連結器
柴田式の初期のもの．現在は余分な肉が削られてスリムになっている．

口絵4　千葉製鉄所の機関車
並連の下に，右側に見える装入台車のためのウイルソン式連結器が見える．（1961年撮影）

口絵5　雪の台車
台車にびっしり雪をまとって弘前に到着した函館行き特急「日本海」．

口絵6　台車抜き
車両が検修場に入るとまず車体を持ち上げて台車抜きが行われる．

口絵7　岡山の人気者「もも」
低床式電車は全国各地の路面線に導入が進められている．

口絵8　旧型国電の車内
伊豆箱根鉄道に来てからの撮影であるが，見かけは国電時代そのままである．

はしがき

　鉄道車両——現在のわが国の鉄道においてはそれは事実上「電車」の同義語である——はわれわれにとって日常的に目にふれ，利用する実に身近な存在である．しかしいかに毎日目にし，利用していても，いざそのパーツに着目すると，何のためにそれがあるのか，中はどうなっているのか，なぜそうなっているのかなど，さまざまな疑問が湧いてくる．

　もとよりそれを作ったメーカーの担当者や鉄道会社の社員なら，技術的な意味合い，設計思想，内部の仕組みなどは十分お分かりだろう．しかし単なる乗客にすぎない筆者を含む部外者にすれば，いくら孔の開くほど観察してもわからないことは沢山ある．

　本書はそうした疑問に対して，許される限りの観察と市販の文献や情報の解読，一部に車両基地などをお訪ねすることで解明したことがらを取りまとめたものである．技術的な説明は固くなりがちなので，できるだけ写真や図を使うように工夫した．しかし著者は鉄道趣味のキャリアこそ人並みにあるものの，リタイヤする前の本職は鉄は鉄でも製鉄会社の技術屋であり，鉄道にとってのプロではない．したがって本書もせいぜい部外者の好奇心を満足させるレベルが目標であって，鉄道関係者から見れば先刻ご承知の内容ばかりであろうことを，最初にお断りしておかねばならない．

　本書を手にしたことで，いやでも毎日目に触れる鉄道車両に多少なりとも親近感を増していただけたならば，まことに幸いである．

目 次

はしがき……………………………………………………………… i

1章 パンタグラフ物語………………………………………… 2
  1　パンタグラフの発達……………………………………… 2
  2　パンタグラフの構造……………………………………… 13
  3　大きさと位置，数………………………………………… 19
  4　パンタグラフのメンテナンス…………………………… 29

2章 連結器物語…………………………………………………… 32
  1　連結器の役割……………………………………………… 32
  2　手動連結器………………………………………………… 41
  3　自動連結器………………………………………………… 47
  4　密着連結器………………………………………………… 57
  5　その他の話題……………………………………………… 63

3章 台車物語……………………………………………………… 70
  1　台車の役割………………………………………………… 70
  2　台車のいろいろ…………………………………………… 77
  3　台車のばね系……………………………………………… 93
  4　台車のブレーキ装置……………………………………… 101
  5　台車の駆動装置…………………………………………… 107
  6　その他の話題……………………………………………… 115

4章　構体物語……………………………………………………122
　　1　構体とは……………………………………………………122
　　2　構体の作られ方……………………………………………129
　　3　構体の表面処理……………………………………………137
　　4　構体のリサイクル…………………………………………145
　　5　床面の高さ…………………………………………………153

5章　椅子物語……………………………………………………162
　　1　椅子と腰掛…………………………………………………162
　　2　ラッシュと座席……………………………………………163
　　3　腰掛の袖仕切………………………………………………167
　　4　腰掛の人数割り……………………………………………169
　　5　暖房装置……………………………………………………175

ツールボックス………………68, 88, 96, 98, 106, 112, 140, 178

あとがき……………………………………………………………180
参考文献……………………………………………………………181
索　　引（事項・人名・メーカー／鉄道名・線名・施設名）……183

鉄道車両のパーツ

パーツ別 電車観察学

1章 パンタグラフ物語*

1　パンタグラフの発達

　鉄道車両の各部分を見渡しても，屋根上のパンタグラフ位奇妙なものはない．車体や台車，電気機器などがいかにもそれらしく機能的，あるいは構造的に見えるのに比べると，何やら図体ばかり大きいのにきゃしゃでたよりなく，しかも見るたびに恰好が微妙に変化して表情を変える．電車が目の前を通過するとき，台車の走行音，車体の風圧などと張り合うかのようにパンタグラフは騒音とスパークでその存在を主張する．
　この章では，この妖しいパンタグラフをさまざまな角度から追求してみよう．

鉄道車両の動力源

　産業革命はワットの蒸気機関の発明によって始まった．この蒸気機関を車両に積んで，レールの上を走るようにしたのが蒸気機関車である．鉄道車両の動力としてはこの他に人力，馬などの畜力や，変わったところでは圧縮空気や重力などもあるが，現在一般に実用とされているものは蒸気機関，ディーゼルなどの内燃機関，そして電動機である．

　蒸気機関や内燃機関などを使用する動力車はエネルギー源となる燃料を積みこれを消費しながら走るので，時おり補給しなければならない．蒸気機関車では水の補給も必要で，石炭よりも水の補給の方がネックになるケースも多い．以前のアメリカ大陸横断列車では，長距離をノンストップで突っ走るため走行中にノズルから水をすくい上げるピットをレールの内側に設けたこともあった．わが国でも蒸気機関車が幹線を走っていた時代，次の補給までに元の機関区に戻ってこられるように，100 km 走行毎に機関車をつけかえるという原則があった位である．昔の街道で，馬を交代させるため一定距離毎に「驛(うまや)」が設けられたのも同じことである．

　モータが発明されて，車両の動力としての応用が種々試みられるようになったが，エジソン翁をはじめとする模型レベルのものは，車両に蓄電池を積み，その電力で走るという方式に留まっていた．現在でも産業用等にバッテリー式の電気機関車が多少使用されているし，JR総研（財団法人 鉄道総合技術研究所）ではバッテリー方式の路面電車の研究もしているようだが，バッテリーの充電はある意味で燃料の補給よりも厄介である．またアメリカに多く見られる電気式ディーゼル機関車はディーゼル機関で発電してその電力で走る方式だから，やはり燃料を消費しながら走っていることになる．

　一方今日一般の電気車に見られるように車両にはエネルギー源の蓄えがなく，電力の供給を受けながら走行する方式は電気車独特のものであり，送電設備などの建設費は大きいが燃料補給面での運転距離の制約がなく，車両自体が公害をまき散らさないなど多くの利点を有する．鉄道の近代化イコール電化といわれる所以である．

　一般に電化が不利なのは送電設備が過剰投資となるほど列車密度が極端に低い路線か，戦争による破壊が予想される場合である．実際アメリ

---

*）このタイトルから，ラブレー（仏，〜1553）の「パンタグリュエル物語」を連想された読者がおられただろうか．

写真1–1 重力式インクライン
つるべ式で，車両に水を溜めたり捨てたりして重量バランスを変えて昇降させる．これは高知県馬路村のものだが，ヨーロッパにはよくあるという．

写真1–2 放置された架線の下を走る気動車
電気がなくなった「栗原電鉄」は「くりはら田園鉄道」と律儀に社名を変えた．

写真1–3 近鉄生駒ケーブルカー
4基もパンタグラフを載せているが，いずれも通信や照明等の補助電力用である．

カのグレート・ノーザン鉄道のように，現実に電化されていたのに電気運転をやめてしまった路線もないわけではない．わが国でも岡山県の玉野市営電鉄や宮城県の栗原電鉄，それに名鉄のローカル線などで電車運転をやめて気動車に切り換える動きがあった（玉野市営はそれでも採算がとれずに廃業，名鉄も苦闘が伝えられる）．

　余談になるが，車両に動力を持たず外部からの力で車両を動かすシステムもある．その典型がケーブルカーであるが，リニアモータの推進コイルを軌道桁に敷設して車両側には電磁石（超伝導コイル）しか持たないリニアモータカーもこの部類といえる．目下実験中のリニア新幹線は運転も地上側で行い，走行用の電力を車両に供給する必要がない．

電気鉄道のはじまり

　歴史をひもとくと，1879年にベルリンの工業博覧会でジーメンス（シーメンスとも，Ernst Werner von Siemens）が初めて第三軌条を通して電力を車両に供給する小型車両を運転し，2年後にはベルリン近郊の実用路線での運転を開始したのがこんにちの電気鉄道のさきがけのようである．架空電車線式の電気鉄道は1883年アメリカ，シカゴのものが最初であるが，1888年，スプレイグ（F.J.Sprague）がヴァージニア州リッチモンドで開業した電気鉄道が本格的な交通機関として初めて成功を収め，さらに彼はこんにちのような電車列車の連結運転をも実現させ，以後これらがアメリカ各地に普及したのでアメリカは電車の祖国といわれる．

　走行する車両に電力を供給するには，走行レールに平行して電力供給用の線またはレールなどの導体を敷設し，車両からこれに接触する腕のようなものを出せばよい．車両の真上の位置，つまり空中に電線（架空電車線という）を張り，車両の屋根からパンタグラフでこれに接触する方式がもっとも一般的であるが，これに次ぐのが走行レールの外側に第三軌条を敷設し，車両の台車から集電靴（コレクタ・シュー）を出して集電する第三軌条式で，トンネル断面が小さくてよい利点からトンネルの多い蒸機鉄道を電化する場合とか地下鉄などで多く採用される．これら以外にも過去にはいろいろな方式，例えば架空線の代わりにがっしりした形鋼状のものを空中に架設したり，第三軌条を走行レールの中間のピット内に設置することなどが試みられたが実用上の難点が多く，淘汰されてしまった．

写真1-4　第三軌条とコレクタ・シュー
シカゴの地下鉄（といっても大部分は高架式）は第三軌条にカバーがない．

写真1-5　近鉄名古屋地下駅の剛体架線
パンタグラフは作用高さ下限一杯に押し下げられている．

写真1-6　横浜市のトロリーバス
わが国でもかつては大抵の大都市にこれがあったが，アルペンルートを除いて全滅してしまった．

後にふれるように，架空線は線の張力で張られているからパンタグラフで押し上げると上に逃げるし，断線の可能性もある．張力も管理しなければならない．スパン内で文字通り懸垂曲線（カテナリ）を描くカテナリ線だから集電装置の追随性能が悪いと走行時に離線が発生する．そこで地下鉄等のトンネル部分では天井にがっしりした構造の架線（剛体架線という）を取り付けることが今日一般に行われているが，これは架空線式に含めて考えてよいだろう．

わが国における電車の始まりは1890（明治23）年，東京上野の内国勧業博覧会に登場した2両のスプレイグ式電車であり，1895（明治28）年には初の営業線として京都電気鉄道が開業している．いずれもトロリーポールによる架空電車線式である．

直流電化と交流電化

電化の初期にはスイスで三相交流の電車も試みられたというが，架線を3本必要とするなどの理由から普及せず，起動トルクが大きいなどモータ特性が適していることから鉄道の電気方式としては長らく直流が常識であった．しかし電圧降下が大きく送電効率が悪いなどの経済的理由から第2次大戦後のヨーロッパを中心に交流電化が盛んとなり，特に50, 60サイクルの商用周波数を用いる単相交流電化はわが国の新幹線をはじめ，世界の新規電化路線の主流である．もっとも，車両に入るまでは交流でも走行モータは直流というのがこれまでの形であったが，最近ではVVVF制御の普及により，直流電化区間でも走っているのはかご形交流モータという逆転現象が見られる．

直流も単相交流も原則として電源には2本の電線が必要である．初期の電車は，架空線を2本張り（複線架空式という），2本のポールで集電していたが，やがてアース側にはレールを使用し，架線は1本で済ませるようになった．

この場合，レールには常に架線と同じ量の電流が流れることになる．レール側に抵抗があったりアースが不十分だったりすると，変電所へ戻る電流（帰電流という）がレールを流れずにもっと流れやすい所を通ってしまう．これがレールに平行した水道管などを腐食させるいわゆる電食問題である．また，レールに局部的に接地電圧があるとうっかり素足で踏めば感電することも起こりかねない（実際蹄鉄をつけた馬が市電のレールで感電することがあると言われていた）．そこで昭和の初め頃ま

写真 1-7 トロリーホイールとひも
明治村の京都市電は貴重な生きた文化財である．

写真 1-8 終点のポール回し
明治村の車掌さんは若くて元気がいい．

写真 1-9 ポールの面倒を見る車掌さん
窓から首を出してポールをはめ終わったところ．ポール電車は昭和40年代まで全国各地に見られた．これは京阪の石山坂本線．

で，地下埋設物の多い道路や市街地区間は複線架空式，専用軌道を走る郊外電車は単線式という使い分けがなされていた．例えば大正元(1912)年に開業した京成電車は，起点の押上から向島までは複線架空式，以遠を単線架空式で建設され，車両は前後に2本ずつのポールを備えており，途中で1本を上げたり下ろしたりしていたのである．

現在でも，車輪からレールにアースすることのできないトロリーバスは複線架空式で，ポールが2本必要である．

ポール電車の時代

電化の初期において，集電手段として実用化されたのはもっぱら構造の簡単なポール（トロリーポール）であった．ポールは，屋根上からばねで上向きに付勢されたさお（つまりポール）の先端にトロリーホイールと呼ばれる溝付きの車輪が取り付けてあり，この車輪が架線にはまって回転しながら集電する構造である．

問題点としてまず方向性があり，走行方向に対してなびくように接触していないと具合が悪い．ごく短距離を低速で逆走する程度ならばともかくとして，車両の運転方向が変わるときにはポールの向きも変えなければならない．車両に360度向きを変えられるポールが1本だけついている場合には首下の紐を引いてぐるりと回してやる．これを「ポール回し」という．車両の両端にそれぞれポールがついている車両では，一方のポールを下げ，反対側のポールを上げる．いずれにしてもこのような操作が必要である．

またトロリーホイールは走行中架線から外れやすい．外れたら直ちにひもを操って再び架線にはめてやる必要がある．昔の市内電車ではこれが車掌の重要な仕事であった．雨の日など，濡れた紐から手にピリピリと電気が流れたという話である．また，線路が分岐する箇所では紐を引いて一時ポールを下げ，惰力で通過してからあらためて分岐した側の架線にポールをはめるという操作も必要であった．現在では架線側にも一種の「分岐器」が設けられていてこの操作は不要となっており，諸外国でもトロリーバスのワンマン運転が実現している．それでもポール外れの場合はバスを止めて運転手が降り，ポールを操作しなければならない．レールのないトロリーバスではポール外れの確率も大きいようで，サンフランシスコの街ではポール外れを何度も見かけたことがある．

さて，近年回転接触のトロリーホイールが摺動接触のスライダシュー

写真 1-10　ボウ
この化け物のような車両は福井の京福電鉄（現・えちぜん鉄道）の電気機関車である．ボウは中小私鉄でも自社工場でポールから簡単に改造できたらしい．

写真 1-11　ビューゲル
首都圏では東京都電がいちはやく採用した．

写真 1-12　Zパンタ
登場当時は新聞で紹介されたほどだった．今はなき仙台市電も積極的にこれを採用していた．

に代わって多少改善されたとはいえ，ポールは手間のかかる厄介な代物であった．しかし複線架空式がなくなって架線が1本だけになったため，ポールの先端を細い架線に嵌合させなくても，車両の幅方向に所定の長さを有する「シュー」を屋根から架線に向けて押し上げてやればシューのどこかが架線に接触して集電できることになり，ポールに代わる種々の集電装置の誕生を見ることになった．

　トロリーポールは先端の1点で架線（架空式電車線）に接触しなければいけないので，架線を捕らえる溝付きのトロリーホイールやスライダシューが使用されたが，考えてみれば鉄道車両はレールに拘束されて走るのだから，架線からそれほどずれることはない．したがって一定長さの「シュー」を車両の幅方向に向けて取り付けて接触させれば，架線を捕らえる必要がなくなる．そこで考えられたのがトロリーポールの先端にT字形にシューを取り付けた構造のもので，一般に「ボウ」と呼ばれる．関東ではあまり採用されなかったが，関西地方ではあちこちで見ることができた．これで架線外れの心配がなくなり，分岐点の通過も楽になった．

　つぎが「ビューゲル」（ボウと同様「弓」の意味であるが，ドイツ語だと英語とは別のものをさすことになる）である．これはボウの腕を短くしておしゃもじ形の枠状としたもので，先端のひろがった部分がシューになっている．何よりの利点は進行方向が変わるとき，ひもを引きながら走り出せば多少架線を押し上げながら向きが変わってしまうことで，ばねはいずれの側からも真上へ向くように作用する．これで終点でのポールの上げ下ろしの問題もほぼ解消されたのだが，この簡単な操作さえも不要にしようということで考えられたのが「Zパンタ」である．これはビューゲルの枠の中央にヒンジを入れて2つ折にしたもので，Zというより「く」の字状であり，どちらに向かって走ってもそのままの形状で追随できる．なお，通常路面電車用のものはビューゲルから進歩したと考えてZパンタと呼んでいるが，高速電車用でひし形のパンタグラフを片側だけにしたシングルアーム式も構造的にはこれとほぼ同一であり，同じ仲間といってよい．

パンタグラフの登場

　JIS（日本工業規格）E 4001「鉄道車両用語」によれば，パンタグラフは「すり板が垂直運動をするヒンジ構造をもった集電装置」と定義さ

写真1-13 銚子電鉄のデハ301
（a）複雑な経歴の車両だが，ここに来てからは長らくポールをつけていた．
（1965年撮影）

（b）この頃他車とともにビューゲルに変わっている．
（1967年撮影）

（c）パンタグラフになって見違えるように貫禄がついた．
（1983年撮影）

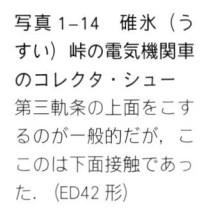

写真1-14 碓氷（うすい）峠の電気機関車のコレクタ・シュー
第三軌条の上面をこするのが一般的だが，ここのは下面接触であった．（ED42形）

れている．つまりZパンタは立派なパンタグラフの仲間である．

　しかし一般にパンタグラフといえば枠体の頂部にすり板を取り付けたひし形のものである．特に名称はないようだが，本書では在来形，あるいはひし形パンタグラフと呼ぶことにする．近年になってこれに代わるいろいろ新しい構造のものも現れたが，ひし形パンタグラフの時代は長かった．わが国でいえば，1914（大正3）年12月に開業した東京～横浜間の京浜線の3両編成の院線電車（鉄道院の電車の意，後の省線電車，国電）が最初である．それ以前から電車運転していた中央，山手両線はせいぜい2両編成だったからポール（電棍といった）集電だったが，編成の長大化，分岐器通過速度の向上などのためやがてすべてパンタグラフ化された．当初はポール時代のイメージが抜けなかったのか，シューはローラ式だったが，故障続発でさんざんのスタートだったと伝えられる．

第三軌条用コレクタ・シュー

　パンタグラフの発達に対して，第三軌条を集電するコレクタ・シューはどうなっているだろうか．結論からいえば，百年来，特に変化はしていないようである．一旦第三軌条方式で建設された路線が架空線方式に改められることは稀であるから，コレクタ・シューは依然として世界各地で現役である．例えばロンドン以南の英国鉄道（BR）は世界最大の第三軌条路線網であるが，英仏海峡を経てここに乗り入れることになった「ユーロスター」も2003年までは終点のウォータールー駅までの英国内を第三軌条で走行していたから，機関車はシングルアームのパンタグラフの他にリトラクタブルなコレクタ・シューを備えていた．直流750Vという制約もあってこの区間の最高速度は時速140kmと欧州側よりいちじるしく低かったが，第三軌条の鉄道としてはこれが世界最高の営業運転速度だったのではないかと考えられる．

2　パンタグラフの構造

　この辺でこの「ひし形パンタグラフ」の構造を簡単に説明しておこう．ひし形（厳密には底部をカットした五角形）の枠で頂部を垂直に昇降させる機構は昇降式作業床や自動車用ジャッキなど至るところに見られる．しかし，例えば漫画などに電車が描かれているとき，屋根上の

写真1-15 ゆりかもめのコレクタ・シュー
三相交流なので第三軌条も3本あり，腕が3本出ている．下はガイドローラ．

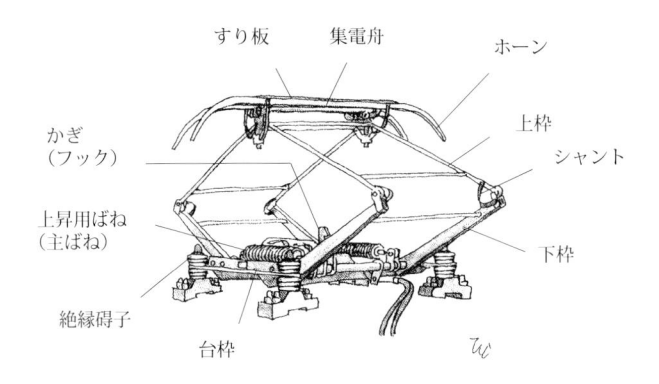

図1-1 ひし形パンタグラフ

ラベル：すり板，集電舟，ホーン，かぎ（フック），上枠，シャント，上昇用ばね（主ばね），下枠，絶縁碍子，台枠

写真1-16 下枠交差形パンタグラフ
左側に避雷器が見える．手前に2つある四角いものはヒューズ．電気配線のほか，かぎ外しの紐やシリンダ用の空気管が見える．

パンタグラフが正確に描かれていることは稀で，たいていどこかがおかしい．構造を知っていればある筈のない棒が入っていたりする．まず図1-1をご覧いただこう．

パンタグラフは大きく台枠，下枠，上枠，集電舟の4つで構成される．台枠は絶縁碍子を介して屋根上に置かれる水平の枠で，この上に下枠の下部が軸受を介して取り付けられる他，ばねやシリンダ等の昇降機構，畳んだ状態で固定するためのフックなども設けられる．下枠，上枠のつなぎ目はヒンジになっていて，自由に折れ曲がる．このヒンジ部分をはじめ，各回転部は大電流がバイパスするように編み銅線のシャント（shunt strap）が取り付けられる．両側の上枠を合わせた位置には集電舟が取り付けられる．集電舟はシューの当て字らしいが，これまた両端が垂れ下がった枠体であるホーンと，その上面に取り付けられる消耗材である「すり板」とで構成される．すり板は電気伝導度がよく，かつ潤滑性のあるものが望ましく，さらには周囲を汚染せず，騒音の少ないものが理想的である．JIS E 6301「パンタグラフ用すり板」には1種～3種が決められており，それぞれ焼結合金，単体金属または溶解合金，炭素となっているが，一般には焼結合金として「ブロイメット」と呼ばれる銅系統のもの，単体金属として銅板，そしてカーボンが主に使用される．いずれも上記の条件から見れば一長一短なので，鉄道会社によってこれらの好みが決まっている．

一般にはパンタグラフの上昇はばね力，下降はエアシリンダによる．ひもを引くなどしてフックを外すとばね力で上昇する．フックを外すための「ひも」は通常車体の屋根よりやや下（会社によっては車体の下部）まで延びており，パンタグラフのところまで登らなくても上昇させることができる．最近ではフックを外すための小型エアシリンダや電磁石を持つものもあり，電気で遠隔操作できるから「電磁かぎ外し」と呼ばれる．これなら編成全体のパンタグラフを運転台から一斉に上げることができる．折り畳むときは電磁スイッチでエアシリンダを作動させる．ちなみに国土交通省令の「技術基準」第68条第2項四号には，

> 「パンタグラフは，乗務員室から一斉に下降させることができること」

との規定がある．脱線事故などの際，運転士はまずパンタグラフを下げるように教育されている．

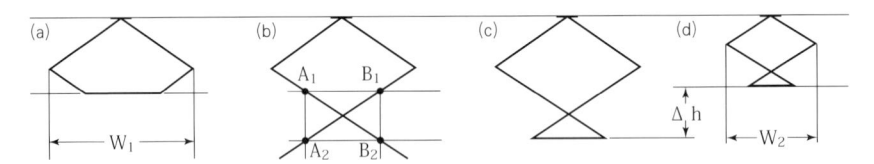

図 1-2　ひし形パンタグラフと下枠交差形パンタグラフ
(a) はひし形パンタグラフ．折り畳み幅を W_1 とする．上枠と台枠をそのままとし，下枠を延長し $A_1B_1 = A_2B_2$ として(b)，(c)の下枠交差形パンタグラフができる．これでは Δh だけ高さが大きくなっているから，元の高さになるようにスケールダウンすると，ひとまわり小さい (d) が得られる．(a) と同等だが，折り畳み幅 W_2 は W_1 よりもかなり小さい．

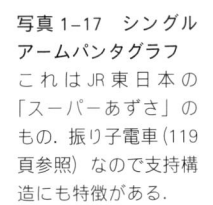

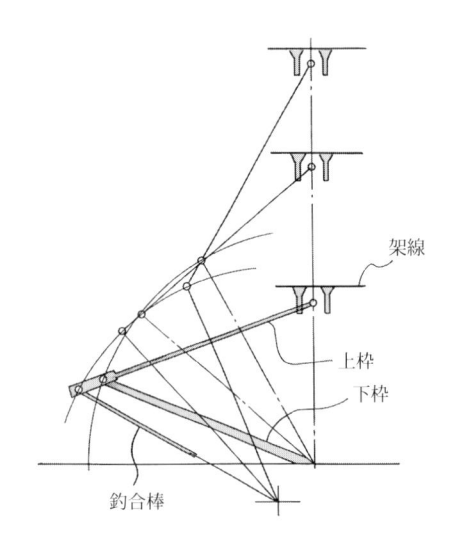

写真 1-17　シングルアームパンタグラフ
これは JR 東日本の「スーパーあずさ」のもの．振り子電車（119 頁参照）なので支持構造にも特徴がある．

図 1-3　シングルアームパンタグラフの原理
著者の想像による作図である．

最近のものは下枠，上枠材にステンレス鋼管が使われているが，時に下枠材としてテーパ付きの角形断面のものが使われることがある．また一般にこれらの枠は車両の幅方向に同じものが2組使用されるが，その間を斜材，あるいは水平材で連結して枠全体の横方向の剛性を高めている．この入れ方にも時代の変遷があり，段々本数が減る傾向にある．

　その他，台枠付近に前後方向の下枠を連結して傾きを均等にするためのイコライザが取り付けられる．

新形のパンタグラフ

　長らく下枠材の構造や斜材の入れ方程度の変化しかなかったひし形パンタグラフに対して，約30年前頃から新形式のものが現れてきた．第1は「下枠交差形」という．上枠に対して下枠が長く，下枠が互いに交差して台枠に取り付けられている．図1-2に示すように，仮に上枠の長さを同じとした場合，この方が上昇ストロークが大きい．逆に言えば，同じストロークであれば上枠を短くすることができ，折り畳んだときの寸法が小さいので，屋根上のスペースが小さくてすむ．実はさまざまな理由，例えば冷房化やパンタグラフの2台取り付けなどで近頃屋根上は機器が目白押しなので，このメリットは大きい．わが国の新幹線は1964（昭和39）年の開業以来この下枠交差形を採用している．

　次に登場したのはひし形パンタグラフの片側がない「ハーフパンタグラフ」で，別名「シングルアーム形」ともいう．ヨーロッパやアメリカで早くから使用されていたが，なぜかわが国ではごく最近になって一斉に採用が始まった．下枠は前後方向の片側だけでしかも太い腕が1本しかない．上枠は逆三角形の枠状あるいは1本棒で，下枠，上枠の角度が均等になるようにイコライザを備えるのが普通である．昇降機構を想像したものを図1-3に示す．秋田新幹線「こまち」のE3系電車のもののように下枠，上枠とも1本の棒で，ハーフパンタグラフどころか1/4パンタグラフといいたい簡素な構造のものもある．

　どちらの方向にもそのまま走れるが，1列車に複数基取り付ける場合ほとんどが互に逆向きにつけているのは，やはりちょっと方向性が気になるからだろうか．集電性能は従来形と同等であるというが，重量が半減される上，空気抵抗，これに伴う風切り音などがきわめて小さいのが内外の新幹線などの高速列車にとって魅力であるようだ．折り畳み寸法も下枠交差形以上に小さいなどよいことづくめなので，新幹線以外で

写真 1–18 「こまち」のパンタグラフ
シューの取り付け部分には，架線の微小な上下変位に追随するためのスタビライザが組み込まれている．ホーンの側面には空力対策の小孔が見える．

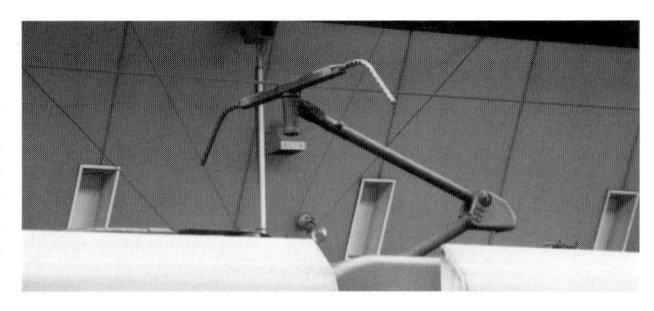

写真 1–19 T 字形集電装置
500 系新幹線のもの．楕円形筒体の側面にはカルマン渦を抑制する突起が設けられている．

写真 1–20 アメリカの大型パンタグラフ
ニューヨーク近郊を走る旧型電車．古風な車体には大型パンタが似合う．

もこのパンタグラフをつけるのが当節の新車のステイタス・シンボルとなっている．

　ところで，JR 西日本は新幹線「のぞみ」号で 500 系と呼ばれる新形車両を使用して時速 300 km の営業運転を行っているが，この車両のパンタグラフは「T 字形集電装置」と称する新形式のもので，シューの下に取り付けた棒を垂直の筒体内で空気圧により押し上げるという構造である．ヒンジがないからすでに前記の JIS の定義には当てはまらず，厳密にはもはやパンタグラフではない．架線を引っかけるなどの事故の際には筒体全体が倒れて事故の拡大を防止するようになっている．

3　大きさと位置，数

パンタグラフの大きさ

　一口にパンタグラフといってもずいぶん大きなものや小さいものがある．原則として架線の高さの変動の大きい路線では，パンタグラフを大型にしてストロークを大きくとる必要がある．トンネルや跨線橋などの線路上の構造物があって架線を低く張っている区間と，踏切等で架線を高く張らなければならない区間とが混在する路線では，どうしてもパンタグラフが大きくなる．アメリカの電車のパンタグラフが大きいのはこのような理由による．パンタグラフが大きいと慣性力も大きくなり，追随性が悪くなるし車両重量も増大するから好ましくない．

　一方，わが国の新幹線のように全線が新たに作られた専用軌道で，架線をほぼ一定高さに張ってある路線ではパンタグラフは思い切って小型にできる．その他，札幌の東西線や東京の都営大江戸線などの地下鉄では，トンネル断面を小さくするためホームからはほとんど見えないほどの小型パンタグラフを使用している．

　パンタグラフのすり板部分のレール面からの高さを東京メトロ（旧営団地下鉄）の例で見てみよう．まず「突放」といって上に架線がなく，ばねが一杯に縮んでパンタグラフが延びきった状態で 5,560 mm，カテナリ電車線（メッセンジャケーブルで吊った普通の架線）区間の標準高さが 5,200 mm，トンネル部分などの剛体架線区間が 4,400 mm，折り畳み高さが 3,995 mm である．車両の屋根の高さを例えばレール面から 3,725 mm とすると，突放状態のパンタグラフの高さは 1,835 mm，つまり人間でいえばかなり背が高いということになる．

写真 1-21 ロシアの 2 段式パンタグラフ
電車特急 ER200 のパンタグラフは，揺動フレームの上に小型のパンタグラフが載った珍しい構造．在来線を高速で走るため，揺動フレームで架線高さの大きい変動に対応しようとしている．

写真 1-22 マドリード地下鉄の小型パンタグラフ
よく見ないと分からない位小さいが，シングルアーム式である．

写真 1-23 トンネル区間用低屋根車
パンタの取り付け部分の屋根が低くなっている．

写真 1-24 パンタグラフの昇降機構
主軸には下枠，上昇用主ばね，下降用シリンダ，イコライザ等が取り付けられ，台枠からは電線と空気管が延びている．台枠中央に折り畳み用かぎがある．

ところで，JR 中央線（高尾以西）のように非電化で建設され，後に電化された路線ではトンネル断面が小さいため架線を非常に低く張らなければならない場合がある．架線が低いと，事故の際パンタグラフを折り畳んでも架線との間でアークが切れず電流が流れ続ける危険があるため，直流 1500 V の場合，パンタグラフ折り畳み高さと架線との距離を最小限 250 mm 設けるという基準が定められており，俗に「山用電車」と呼ばれるパンタグラフ取り付け部分を低屋根にした車両が使用され，一般車両は入線できない．

パンタグラフの昇降機構

一般にはパンタグラフの上昇はばね力，下降はエアシリンダによる．上昇ばねのばね力は調整できる．積雪時の自然降下に備えて冬季は一般にばね力を強くする．ばね力（押し上げ力）は高さによっても変化する．JIS E 6302「鉄道車両用パンタグラフ—検査方法」によれば，直流電車の場合，

- 標準作用高さにおける押し上げ力（上昇時）　　　53.9
- 全作用高さの範囲内における押し上げ力　上昇時　39.2 以上
　　　　　　　　　　　　　　　　　　　　下降時　68.6 以下
- 標準作用高さにおける上昇時の押し上げ力調整範囲　39.2 〜 68.6

と決められている（単位 N，細かい測定条件もあるが略す）．

なお電気機関車には空気圧上昇，ばね下降のものがあり，車庫で最初にパンタグラフを上げようとするとまずコンプレッサを回さなければならないという矛盾がある．事実，コンプレッサ運転用のポールのような小形集電装置を備えた電気機関車もあった．

なぜそうまでして空気圧上昇にするのかを憶測すると，ばねはフックの法則によって変位により力が変化するが，空気圧シリンダは位置によらず力が一定だから，押し上げ力特性がすぐれているといえる．また，大形のパンタグラフでは自重が大きいから下降はわずかの力でよいが，自重に反して上昇させ，かつ架線に押しつけるには大きな力が必要だ．そこで上昇側をシリンダとした方が構造が簡単になる．またばね式はかぎを外して上昇させると架線に対して勢いよく衝突し（実際にはこれを緩和するためダンパを設けている），反発して離線する際アークが出るなど，大形パンタグラフになればなるほどばね上昇式には好ましくない挙動があるためであろう．

写真 1-25　重力式パンタグラフ
岡山電軌のパンタグラフは，社長考案によるおもりの重量で上昇するユニークなもの．低速の路面電車ならではのアイデアである．

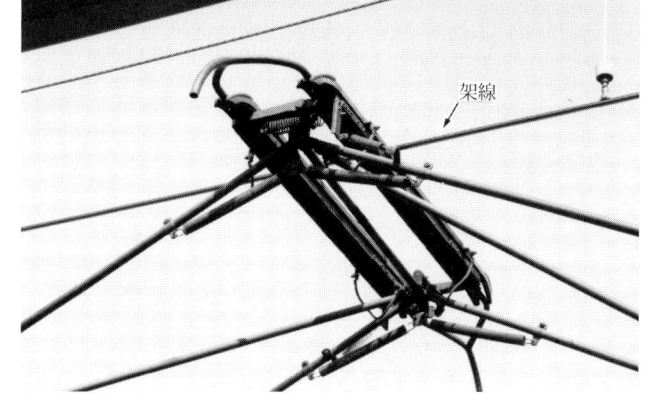

写真 1-26　集電舟まわり
3種類のばね（いずれも引張り）が見える．傾いたシューを水平に戻すものには「なびきばね」の名がある．

架線

写真 1-27 常磐線交直流電車のパンタグラフ
電気機器があるのでボギーセンターよりも中央寄りに取り付けられている．

集電舟まわり

　パンタグラフの枠組みの役割は，頂部にある集電舟を，高さや位置に関わりなく一定の力で架線に押しつけることにある．ばね上昇式のひし形パンタグラフの場合，この押し上げ力のみなもとは下枠下部の回転軸に作用する主ばねのばね力であるが，これが集電舟を均等に押し上げるだけでなく車両や架線の変位や振動などによっても離線を起こさずに追随するよう，集電舟取り付け部分にさまざまな工夫がなされている．例えばシューの支持部分には水平方向と垂直方向に何組かのばねが組み入れられているが，シュー自身をCFRP（炭素繊維強化樹脂）などの弾性体にしてこれらを簡素化することも行われている．

　パンタグラフ全般，特に枠組み部分には軽量化のためアルミ管やステンレス管が多用されているが，集電舟支持部は形状が複雑なため，アルミ系鋳物がよく使用される．

パンタグラフの位置

　位置といってもいろいろの意味があるが，まずは車体における位置を考えることにする．

　通常の鉄道車両は，ボギー車といってひとつの車体の前後に2個の台車（ボギー）があり，これに支持され，かつ導かれて走行する．図1-4はボギー車が曲線を通過する状況を模式的に示したものである．架線は原則として2本のレールの中央上方に張られる（カント，曲線部における軌道面の傾斜はこの際無視する）が，架線をレールのように円弧状に張ることはできないから，できるだけこれに近づけるようにして折れ線状に架設する．

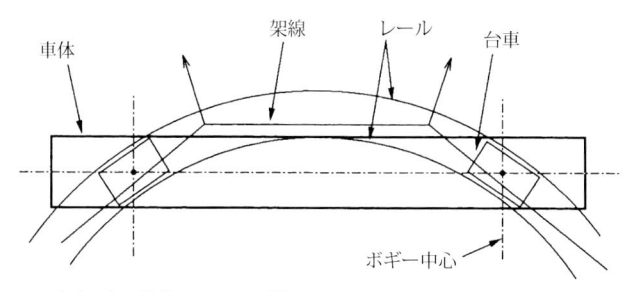

図1-4　ボギー車が曲線を通過する状況

写真 1-28　オール 2 階電車のパンタグラフ
2 階部分のとなりにクーラを載せたのでパンタグラフは端部に寄っている．シングルアームを使ってほしいところだ．

写真 1-29　パンタグラフによる屋根の汚れ
パンタグラフを中心にして前後の屋根がこんなに汚れている．
(JR209 系)

写真 1-30　ひと昔前の電車
パンタグラフが先頭にあっても，周囲の屋根はピカピカだ．以前はよほどこまめに洗っていたのだろう．
(東急 5000 系)

図から明らかなように，車体そのものは曲線区間ではレールから大きくはみ出すことになる（曲線部にある駅で，電車とホームの間が大きく開くのはこのためである）．したがってパンタグラフが架線から外れないためには，すり板の位置を台車中心に一致させるのが理想的である．大部分の電車はそのように設計されているが，中には屋根上機器の関係でそうできない車両もある．たとえば分散形クーラを客室に対して理想的に配置した場合や，高圧機器が多い交直流両用電車の場合などである．ヨーロッパでは電気方式毎に専用のパンタグラフを使用することが多いが，4種類の電化区間を走行するため4基のパンタグラフを搭載した電気機関車などは，シングルアーム式が開発されなければ設計に困ったことだろう．

　さて，一般に電車は1両で走行することは少なく，編成として運転される．その場合，先頭となる側にパンタグラフがあった方がいいのか，編成の内側がいいのかという問題がある．最近の電車は，先頭にパンタグラフのあるものが非常に少ないことにお気付きの方もあるだろう．これにはつぎのようなさまざまな理由がある．

　パンタグラフは，走行中すり板が架線と摺動接触するので粉塵を発生し，後方の屋根上を汚染する．カーボン系のすり板の場合が最もはなはだしい．ところが最近の車両は正面の屋根にかかる「おでこ」の部分を流線型にして車体と同じ明るい色で塗装してあるものが多い．編成の端部にパンタグラフがあると後端となったときこの「おでこ」の部分が汚れてしまうので掃除を頻繁にやらねばならず，まずこれが嫌われる．

　また，JRのように電動車はなるべく編成の内側に入れ，先頭に持ってこないという設計思想もある．さらに，近年の電動車はモータ8個を2両単位で制御するようになっており，パンタグラフはその2両の中央寄りにある方が高圧配線がやりやすいという事情もある．また寒冷地では，編成の先頭に架線に接触するだけで集電しないダミーのパンタグラフを設け，これで架線の霜やつららを除去し，後方の本物のパンタグラフが集電しやすいようにすることが行われる．この場合も，霜取りパンタグラフは冬季以外は畳んでいるから，上がっていないことになる．また特殊な例で，終点駅の架線がレール一杯まで架設できないため，パンタグラフが先頭に来ないようにしている私鉄もある．さらに点検等でパンタグラフ部分の屋根に登る場合にも，先頭よりも連結部分の方が昇降しやすい．

写真1-31 岳南鉄道の小型電気機関車
パンタグラフを2基載せただけでせまい屋根は一杯である．

写真1-32 南海高野線の4両編成電車
オール電動車で，パンタグラフはその内2両に2基ずつ装備されている．

写真1-33 東北新幹線200系のパンタグラフ
元々は2両毎に1基あったが，一部折り畳んだり撤去したりしている．

1両当たりのパンタグラフの数

　電車1両あたりのパンタグラフの数は原則としては1基であるが，大正から昭和にかけての郊外電車などは編成中に電動車が1両のみという場合も多く，パンタグラフ故障で立ち往生しては困るので2基装備して1基使用という例も多かった．電気機関車では集電容量の関係から2基がふつうであるが，交流電化区間は高電圧小電流なので，2基装備していても1基のみの使用である．

　パンタグラフにおける最大の技術課題は架線への追随性である．この世界では1/100秒以下の離線を小離線，1/10秒以上を大離線と呼び，小離線は実害なし，大離線は悪影響ありとしている．なおすり板と架線が機械的に離れてもアークが発生していれば電気的には離線ではないが，すり板と架線の双方に電気的摩耗が発生している．

　近年回生制動が実用化し，パンタグラフ離線による回生失効を避けるため電車でもパンタグラフを2基装備してこれらを並列につなぐということが行われるようになった．また，車両用低圧電源として長らく使用されてきた電動発電機に代わって回転部分のない静止形インバータ（SIV）が登場したが，慣性力のあった電動発電機と異なり瞬時停電を嫌うことからパンタグラフの2基装備にいっそう拍車がかかることになった．

編成当たりのパンタグラフの数

　離線の原因はさまざまであるが，カテナリ架線を一定の力で下から押し上げた場合，支持点位置（架線を吊っているビームの位置）で押し上げ量が最小であり，スパン中央で最大となる．列車が低速の場合，この凹凸，すなわち押し上げられた架線の幾何学的形状が離線の原因となる．一方高速域ではパンタグラフの慣性力の影響が大きくなって押し上げ量の変化はさほど問題でなくなるが，架線，パンタグラフのいずれもばねと質量で表される振動系と見なすことができるから，それぞれの振動によって発生する離線が問題となる．

　例えば編成全長に等間隔でパンタグラフが設置されている長い列車が通過すれば，架線にとって一定周期で上下変位が加えられるのと同じことになる．一方パンタグラフにとっても，架線を押し上げながら走行すれば，カテナリのスパン毎に上下運動を強制的に繰り返すことになる．両者の固有振動周期が一致すれば集電不能となる．

写真 1-34 稲妻状に張られた架線
これはスペイン国鉄線．水平ビームがないので架線が目立つ．

写真 1-35 パンタグラフ自動検査装置
車庫線の天井に設置され，ここの架線（矢印）は横にずらしてある．

写真 1-36 パンタグラフ自動検査装置
4基並んでいるのがすり板の接近を検出するセンサ．

いずれにしても高速運転の場合，前方車両のパンタグラフが架線を介して後方のパンタグラフの離線を誘発することがわかっている．そこで編成当たりのパンタグラフの数は，極力少なくすることが望ましい．かつて 16 両編成オール電動車でまさに等間隔に 8 基のパンタグラフを上げて走っていたわが国の新幹線も徐々にパンタグラフを畳んだり撤去したりして現在では大体 1 編成 2 基使用で走っているようである．ヨーロッパでは TGV など通常最後部の 1 基のみの使用であり，とりわけフランスでは不要のパンタグラフを走行中に下げるということまでやっているという．

　ところで編成中複数の車両でパンタグラフを使用する電車列車の場合，車両には通常それらを連結する高圧の「母線」が引き通されている．車庫等で点検のため屋根に上がるようなときに自車のパンタグラフが下がっているのでうっかり油断すると他車のパンタグラフが上がっていて感電事故を起こす危険がある．これを防止するため，車両の速度を検出して一定値以下，つまり実質的な停止状態では母線の接続を切り，走行中のみ接続するというようなことも行われている．パンタグラフの話から外れるが，車両速度の信号はドアを開閉する戸閉め回路のバックアップにも利用されていて，走行中に「車掌スイッチ」を誤操作してもドアが開くことはない．

4　パンタグラフのメンテナンス

　パンタグラフにおける摩耗部材は「すり板」である．材質にもよるが，一般に 1〜5 万 km 走行が寿命といわれる．東京〜博多間が片道 1,180 km であるから，単純計算だと東海道，山陽新幹線は 5 往復すれば交換である．

　架線が軌道中心の真上に一直線状に張られていると，すり板の中央だけが溝状に摩耗することになり，そのために全体を交換するのは不経済であるから，架線は一定の幅で稲妻状に張られ，その範囲内で均等に摩耗するようになっているのが普通である．

　余談になるが，近年，曲線部分の通過速度を高めるため車体を強制的に曲線半径に応じて傾斜させる「振り子式車両」が実用化されている．ディーゼル車の場合はよいとして，電車でこれをやると屋根上のパンタグラフも傾斜してしまって架線から外れるおそれがある（普通車両も

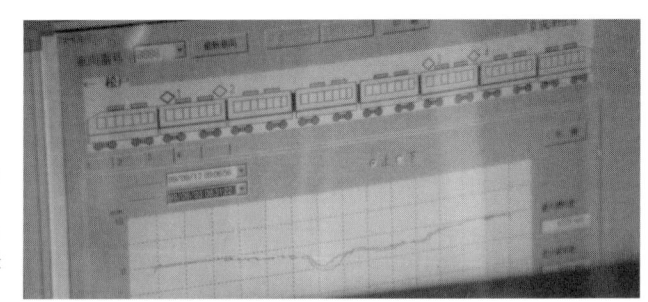

写真 1-37 パソコンのモニタ画面
すり板の形状が前回と今回と色違いの線で表示される.

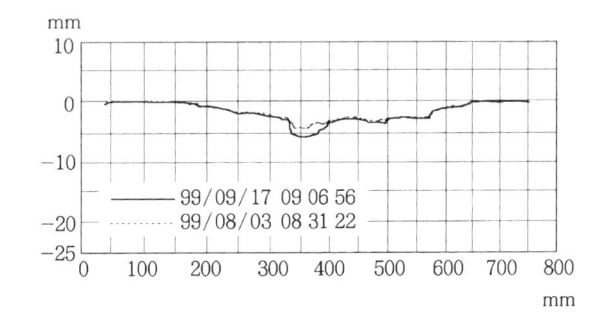

図 1-5 モニタ画面の図示（写真から作成）

写真 1-38 パンタグラフの分解手入れ
車両基地の大きな流しで水洗いしているのは集電舟の枠の部分.

通過するので架線をずらすわけには行かない).そこでパンタグラフを屋根に取り付けず,下の台車からやぐらを介して取り付けるなどの工夫がなされている.JR 中央線の「スーパーあずさ」の電動車をよく見ると,このやぐらが車体部分を縦に貫通しているのがわかる(16 頁,写真 1-17).

　ところでパンタグラフが架線を引っかけたりした場合,もし高速走行中であればかなり長い距離にわたって架線系を破壊してしまい,修復が大変である.そこで被害を少なくするため,パンタグラフの方が壊れるように枠は比較的きゃしゃに作られている.枠体が変形していたりすれば下から見てもすぐわかるが,集電舟まわりのスプリング類などの異状は近くで点検しないとわかりにくい.したがって日常点検のため屋根上へ上がる必要があるが,高所作業による転落事故や感電事故を回避するため,人間に代わって機械の目で点検する試みも行われている.

　例えば千葉県の新京成電鉄では,1998(平成 10)年夏にくぬぎ山車庫の入庫線の天井にテレビカメラとプロフィル検出器からなるパンタグラフ自動検査装置を設置し,テレビカメラで集電舟まわりのアップの画像を捕らえて外観を検査し,プロフィル検出器ですり板の摩耗状況を測定している.後者はすり板の垂直上方からキセノン光源のスリット光を照射し,CCD カメラが斜め方向から反射光を撮影するという方式で,電車を時速 15km 程度でゆっくり走行させながらリアルタイムに測定ができる.測定精度は厚み方向で±0.5mm で,摩耗状況だけでなく折れ,曲がりなどもわかる.データは監視室のパソコンに入力される他,異状値が出るとランプがついて運転士にも知らせるようになっている.パソコンには同じ車両の過去のデータが蓄積されているから,これと比較して交換時期を判断できる.この装置により日常的に屋根に登る必要はなくなり信頼性も上々という.

2章 連結器物語

1 連結器の役割

　はじめに鉄道車両にはなぜ連結器があるのか，という問題を考えてみよう．飛行機，船，自動車などの交通機関は単独で飛行あるいは走行するのに対して鉄道は路面電車を除いてほとんどが複数の車両を連結した「列車」の形をとっている．これにはさまざまな理由がある．
　まず，鉄道車両は他の交通機関と違ってレールによってガイドされるため舵取り機能が要らず，前後方向の牽引力と制動力とが伝達できればいくら長く連結しても走行できるという特徴がある．一方曲線を通過するために車体をむやみに長くすることができず，長くしようとすれば車体を分割して折れ曲がれるようにする必要がある．「連接車」は複数の車体を台車を介して屈曲可能に永久連結した車両である．つぎに機関車

が動力を持たない客車や貨車を牽引する場合，機関車自身の牽引力（反力）はすべり摩擦として現れるのに対して，牽引される車両の走行抵抗はころがり摩擦となるため機関車の自重の10倍以上のものを牽引できるということが挙げられる．たとえばJR貨物の新鋭EF200形電機は自重およそ100tであるが，1000t程度の貨車を牽引できる．

さらに歴史的に考えると，馬車の馬に代わって機関車が発明され，お客を乗せたり荷物を積んだりする車両はこれに引かれるというのが既成のイメージであったかも知れない．さらに電車が発明されて機関車と客車の区別がなくなると，輸送力に応じて編成長を変えたり，行先の異なる車両を中間駅まで併結するなどということが行われるようになった．

このように，輸送事情に応じて複数の車両を組み合わせたり，これを解放したりということが自由自在にできることが鉄道輸送の大きな利点となったのである．このために，各車両の両端には隣接する車両を結合する装置である連結器が備えられている．したがって連結器は文字通り車両と車両を連結するものであるが，同時に必要が生じたときには簡単にその連結を解くことができる構造でなければならない．鉄道業界では「連結・解放」をひとくちに「解結」というが，連結器は，正確にいえば解結器なのである．連結しっ放しでよい固定編成内の連結手段は単なる「棒」でもよいのであり，実際に固定編成の半永久連結部には「棒連結器」と呼ばれるものも使用されている．

図2-1 馬車形客車を連結した初期の蒸気機関車
牽引機は米国サウスカロライナ鉄道のもので，1831年，ニューヨークのWest Point Foundry製．（Hamilton Ellis；The Pictorial Encyclopedia of Railways より）

写真 2-1　棒連結器
前車後車貫く棒のごときもの*．工場入りするとき以外，連結を解くことのない箇所に使用する．

写真 2-2　貨車の仕分け線
ハンプ（手前）の下で線路がつぎつぎに枝分かれしている．（1978年5月，郡山操車場）

写真 2-3　混合列車
ひと昔前のローカル線では，貨物列車を仕立てる程輸送量がないので貨車を客車に連結して運転した．貨車の出入りのある駅では客車は一時置き去りにされる．これは1959年に廃止された東武・矢板線の光景．

＊）この説明から，「去年（こぞ）今年　貫く棒のごときもの」（虚子）を連想された読者がおられただろうか．

貨物列車の場合

　解結をもっとも日常的に行っていたのがかつての貨物列車であった．貨物列車は多数の貨車を組成して1本の列車に仕立てていたが基本的に1両毎に行先が異なり，いわば全国各地の点から点への輸送であったから，貨物列車は停車する毎にそこまでの車両を解放し，新たな車両を連結して次の駅へと向かうのである．拠点となる大きな貨物ヤードに到着すると解放する順序に車両を整理してつなぎ変え，再び出発する．この間で無数の「解結」が繰り返される．

　大きな貨物ヤードにはハンプ（hump）と呼ばれる小丘が設けられており，ここへ貨物列車を押し上げ，末尾から1両ずつ解放して坂下に枝分かれした数十本の線路に自重で走りこませて方向別に車両を分ける．ハンプのない小駅では「突放」といって機関車が貨車を逆向きに押してゆき，急ブレーキをかける．あらかじめ分離する位置の連結器は解放操作がしてあるので，後ろの車両が急に停まると連結器が開いてその前の車両だけが惰力で走ってゆき所定の線路に入って停車する．いずれの場合も，その線に先に送り込まれた車両がいれば，新たに進入した車両はその末尾に連結される．

　この話からわかるように，連結器は予め操作をしておけば車両を引き離すことにより分離し，またこれも予め操作をしておけば車両が接近して連結器同士がぶつかると連結状態になる．このように接触することでひとりでに連結できる連結器を「自動連結器」と呼ぶ．わが国やアメリカでは自動連結器が当たり前であるが，ヨーロッパではいまなお昔ながらの非自動連結器なので，とくに貨物輸送は大変な手間と危険が伴う．

　ところで，ばらばらの行先の貨車を連結した貨物列車がこのような手順をかけていれば，当然 door to door のトラック輸送のスピードにはかなわない．初鰹なら腐ってしまうだろう．しかし1本の貨物列車をトラックに置き換えたらどれほどの台数を必要とするだろうか．道路の渋滞，排気ガス，安全性，輸送コストのどれを考えても鉄道輸送が望ましいのだが，現在わが国の貨物輸送は石油などの1本の列車を仕立てることができるような大口輸送かコンテナ輸送程度になってしまい，鮮魚やビールはおろか，石灰石も新聞用紙もいつの間にかトラックに移行してしまった．国鉄がJRに分割されてJR貨物が別会社となり，各旅客鉄道の線路を借りて運転しなければならなくなったのも大口貨物の鉄道離れに追い討ちをかける結果となっている．

写真 2-4 自動解放装置を備えた連結器
デッキの左端に，解放てこを持ち上げるエアシリンダがあり，走行中に解放できる．かつてセノハチに配置されていた EF59 形電機．

写真 2-5 瀬野～八本松の後部補機
八本松駅を通過中の上り貨物列車（勾配も上り方向）．自動解放は 2002 年 3 月限りで見られなくなった．

写真 2-6 碓氷峠の補機
坂下（横川）方に連結された専用機で，「峠のシェルパ」の名で親しまれた．後ろに従えているのは上り（ここでは下り勾配）特急「白山」．

ところで貨物列車の場合，車両がまとまればできるだけ長い編成とした方が効率がよい．アメリカには「マイルトレイン」と呼ばれる全長1マイルにも及ぶ長大貨物列車が走っている．先頭の機関車だけで力不足のときは，編成の途中にブースタと呼ばれる中間機関車が挿入される．わが国でも昔，貨物列車がやってくると何両つながっているか子供がよく数えたものだが，最近では数える気にもなれない短い貨物列車が多い．これでは鉄道輸送の真価を発揮できず退潮にますます拍車がかかるばかりである．

客車列車の場合

　石炭と水を積んでいた蒸気機関車の時代は，遠くまで行く客車を引いていても機関車は途中で交代して基地に帰ってくるのが普通だった．機関車は箱入り娘で，夜は必ず自分の家で食事をし，眠るのである．

　全長 9,300 km を走破するシベリア鉄道の「ロシア号」も，モスクワからイルクーツクあたりまではほとんど1日毎に機関車が交代している．初期に電化された直流区間と近年電化された交流区間とが混在していて，同じ機関車を連続して使用できないからだ．このように機関車と客車との間でもかなり頻繁に連結解放が行われる．

　途中まで経路の重複する列車を併結して運転し，分岐駅で分割・併合を行う例も多い．九州行きブルートレインの「さくら」はかつて長崎行きと佐世保行きとを併結して東京を出発し，一夜明けた早朝の肥前山口で分割を行っていた．この場合，分割された方の車両を牽引する別の機関車が待機していることはいうまでもない．

　機関車列車の場合，途中に山越えなどの難所があると，その区間だけ列車の後尾に補助機関車を連結することがある．「セノハチ」の名で知られる山陽本線の瀬野～八本松間もそのひとつで，電車特急の時代になるまで，停車駅の広島で後部に補機を連結した下り特急列車が八本松の手前で走行中に補機を解放するという離れ業を演じていた．

電車列車の場合

　動力が分散している電車の場合牽引力のネックはないので，同じ輸送力であれば1列車の編成を長くした方が効率がよい．しかし編成を長くするにはプラットホームの長さに限界があるし，降りてから出口までが遠いという問題もあり，1時間当たりの通過両数が同じなら編成を短く

写真 2-7　朝の京急品川駅
12両で到着した特急列車の前4両（写真手前）をここで切り離し，あとの8両が都営浅草線に乗り入れる．

写真 2-8　上り東北新幹線
盛岡方（写真手前）に「こまち」を併結した「はやて」．「つばさ」は福島で，「こまち」は盛岡で解結を行う．

写真 2-9　故障列車の回送
前方の列車が運転不能となり，後続列車が後押しして回送することになった．通常使用しない編成先端の連結器の出番である．

写真 2-10　故障列車の回送
降ろされた乗客の見守る中，慎重に連結作業が行われる．

して運転頻度を高める方がサービスは向上するから，その辺の兼ね合いで編成長が決まる．

首都圏では，混雑の深刻なJR常磐線が，増発が難しい路線事情のため15両という長い編成で運転している．10両が基本編成，5両が付属編成で輸送量の落ちる昼間などは我孫子で付属編成を切り離し，夕方は再び連結して需要に合わせている．横須賀線でも逗子以南は基本編成を切り離して短い4両で運転される．

京浜急行では快速特急や特急に私鉄最長の12両運転を行っている．しかし朝のラッシュでいえば最混雑区間は横浜以南で，しかも都営地下鉄へは8両編成しか入れないので，川崎で後部4両を切り離したり，品川で先頭4両を切り離したりしている．

電車でも途中駅で行先の異なる列車の分割・併合を行う例は多い．電車特急「踊り子」は修善寺行きと伊豆急下田行きを併結して東京を出発するし，首都圏各方面から成田空港へ直通する「成田エクスプレス」は池袋からの車両と横浜からの車両を東京地下駅で連結・解放している．これらは電車だから分割してもそのまま走行できるが，乗務員はちゃんと待機している．

電車列車が故障して立ち往生したら，機関車が助けに行くか，後続の列車が救援列車となって推進して，しかるべき場所まで移動させる必要がある．固定編成ばかりで通常用のない先頭部の連結器も，このときばかりは必要となる．

路面電車の場合

路面電車は連結せずに1両単位で走る場合が多いが，これはひとつには法令で道路を走行する列車の長さは原則として30m以下と決められているからであるが，輸送量の多い広島市などでは30mをわずかにオーバーする長い連接車を多数投入して乗客をさばいている．東京都内に残る路面電車のひとつ東急世田谷線はすべて2両連結の運転だが，都電荒川線は1両毎の運転である．これは荒川車庫の敷地の制約上連結した車両を収容できないからだが，おかげで世田谷線よりも頻繁に電車がやってくる．

路面電車の場合も，故障で立ち往生すれば別の電車が救済にかけつけることになるが，このときは路面電車といえども連結して車庫まで回送することになる．非常用なので棒状の簡単な連結装置を使用することが多い．

写真 2-11 広島電鉄の連接車
宮島線直通列車に使用される．これは3車体だが，グリーンムーバー（159頁参照）は5車体である．

写真 2-12 都電荒川線6000形の前面
前照灯の下にあるのが非常用の連結棒を差し込む座である．

写真 2-13 フック式連結器
フックはバッファの切り孔の裏にあって見えない．船橋防災センターに展示されている国土交通省砂防工事用機関車．

以上見たように鉄道車両においては，その特徴を生かして車両の連結，解放がさまざまな形態で行われており，ここに連結器が活用されている．

2　手動連結器

以下実際の連結器をなるべく系統的にご紹介していこうと思う．まず大きく分けて，連結器には車両が接触すると自動的に連結される「自動連結器」と，そうでないものとがある．そうでないものをここでは便宜的に「手動」と呼ぶことにする．

各論に入る前に，連結器には，前後の車両間の引張り力の伝達，押しつけ力の伝達という2つの役目があり，さらに曲線通過のため連結器の部分，あるいは連結器の取付部分で左右に折れ曲がることが可能であり，同様に縦曲線（勾配など）に対しても多少上下方向にも自由度がある，という基本要件があり，以下のすべての連結器がこれらを一応満足するものであることを念頭に置いていただきたい．

しかしこれだけのことなら，そこらの有り合わせの棒切れやロープでも何とか用が足りるのだが，「連結器」と名がつく以上，多少とも便利に連結・解放ができるように工夫されていて，その機構にそれぞれ特徴がある．

フック式連結器

最も簡単な構造と思われるものは図2-2,写真2-13, 2-14に示すフック式である．これは車両の端部中央にバッファ（緩衝器）を設け，一方のバッファの根本にフックを，他方のバッファの根本にシャックルを取り付け，フックをシャックルにひっかけて牽引を行うとともに，押しつけ力はバッファで伝達するというものである．

フックの着脱はフックやシャックルがゆるんだ状態でないとできないから，バッファが押し合う状態ではフック側の連結には遊びがあり，当然引くときと押すときでは車両の間隔が開いたりせばまったりする．実際にはこの連結器は土木工事現場のトロッコなどに使用されるものなので，その程度のことはまったく問題にならない．

朝顔形連結器

朝顔形連結器はピン・リンク式ともいい，過去に全国各地にあった軽

写真2-14 フック式連結器
図2-2に対応する連結状態．小型機関車とトロッコとの連結部分．

写真2-15 朝顔形連結器
リンクをつけた状態．廃止された尾小屋鉄道（石川県小松市）のホハフ7．

写真2-16 朝顔形連結器
リンクなしの状態．バッファのばねが見える．JR津田沼駅前にある旧鉄道連隊の軽便機関車．

図 2-2　フック式連結器
バッファを取り除いた状態で図示した．

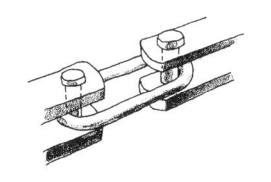

図 2-3　朝顔形連結器
バッファを取り除いた状態で図示した．

便鉄道などでよく見られたポピュラーなもので，朝顔形のバッファの中央に窓が切ってあり，そこへリンク（link，チェーンなどの輪，ring ではない）を挿入し，両側の連結器本体でリンクの内側にピンを落とし込むことにより連結する．引張り力はピンとリンクで伝達され，押しつけ力は朝顔形のバッファ面で伝達される．バッファを取り除いた状態を図2-3に示す．通常一方のピンは入れ放し，つまりリンクは一方の連結器に付け放しになっているので，片側のピンを入れたり抜いたりして連結，解放を行う．ピンがなくならないように，通常チェーンなどで本体につないである．わが国の現在の鉄道としては，黒部峡谷鉄道がこれを使用している．

らせん式連結器

　らせん式連結器はリンク式あるいはねじ式ともいい，イギリスを含むヨーロッパの鉄道で現在も使用されている手動連結器である．

　この連結器は両脇にあるバッファと組み合わせて使用され，連結器部分が牽引力を伝達し，バッファが押しつけ力を伝達する．連結器は車両の端梁中央に取り付けられたフックと，両側の車両のうち一方のフックに取り付けられた3環のリンクと，他方のフックに取り付けられたリンク付きの両ねじのロッドとから構成され，フックの間には3環のリンクと両ねじのロッドとが二重にかけ渡される．図2-4と図2-5はこれらをわかりやすく別々に示しているが，実際にはこの両方が併用されるのである．

　このうち両ねじロッドの方は，1本のロッドに中央から左右逆ねじが切ってあり，ロッド中央部にはこれを回わすためのレバーが取り付けられている．さらにレバーの先端には小さなおもりがついているので，走行中ひとりでにロッドが回転することはない．

　車両を接近させてロッドの先端のリンクを相手のフックにかけ，ロッ

写真 2-17　朝顔形連結器
黒部峡谷鉄道のトロッコ列車．連結器の他にブレーキ用の空気ホースや電気回路のつなぎもある．

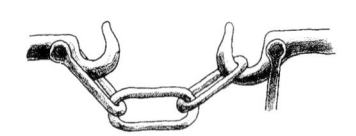

図 2-4　らせん式連結器
3環リンク側の連結状態のみを示す．

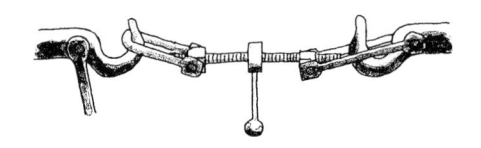

図 2-5　らせん式連結器
ねじロッド側の連結状態のみを示す．

ドを回してバッファが接触して少したわむ程度まで両側の車両を引き寄せると，押しても引いてもガタのない状態が実現する．ヨーロッパの列車に乗って，動き始めがわからないほどスムースなのに驚かれた方もあるだろうが，これはこの連結機構のすぐれた点である．

　3環のリンクの方は通常はねじロッドが破損した場合のバックアップであるが，貨車の入れ換え作業など乗り心地と関係なく簡易に解結を行う場合には，ねじの方は使用しないでリンクだけですませることもできる．

　しかしこの連結器は強度上連結両数に制約がある上，遠隔操作ができないから解結に人手がかかるばかりでなく，連結，解放作業のつど，人がバッファを乗り越えて連結器の所まで入り，リンクをかけたり外したりするのは危険この上ないものであり，人身事故が絶えない．また向かい合った車両の連結器が3環リンクとねじロッドという組み合わせになっていないと，車両の向きを変えなければならないというのも問題点のひとつである．

連結器の取り替え

　他の部品とちがって，連結器は新車だけにまず採用する，などということができず，機種を交換するには原則として路線全体でこれを行う必要がある．

　イギリスの技術によって開業した明治期のわが国の鉄道は当然このらせん式連結器を採用したが，一足遅れてアメリカの技術で建設された北海道の鉄道は当初から自動連結器を使用していた．両者のあまりにも大きな相違に愕然とした当時の関係者の英断により，らせん式連結器を自動連結器に取り替えることとなり，8年の準備期間をかけ，大正14(1925)年7月，当時の国鉄の全国の車両の連結器を，1日のうちに交換するという快挙をなしとげたことはよく知られている．以後，貨車が国鉄に直通する全国の各私鉄も順次これにならったので，らせん式はわが国ではまったく過去の連結器となったのである．

　このときの取り替え作業は，まず全国の車両に自動連結器の取り付け座を設ける補強改造工事から始まった．新しい連結器は，機関車，客車は配属が決まっているのでその基地に準備すればよいが，全国どこへ行ってしまうかわからない貨車については各車両に吊り下げて走行させた．各現場ではモデルを使って入念な予行練習が繰り返され，職場毎の

写真 2-18 明治村の蒸機列車
機関車を連結しているところ．機関士の他に信号手，連結手がいる．

写真 2-19 明治村の蒸機列車
連結手がバッファの内側に入ってリンクをフックにかけている．

写真 2-20 明治村の蒸機列車
ねじロッドと3環リンクを二重にかけた連結状態．バッファがやや押し込まれている．

競技会なども開催された．とくに機関車では混乱を避けるため取り付けねじに「馴染みをつける」目的で一旦新しい連結器に取り替えた上，また旧連結器に戻すということも行った．また客車などで編成を固定できるものの中間連結器は事前に取り替えを進めた．

いよいよ7月17日を期して全国の予定駅に車両を集結し，日頃スパナを手にしたこともない塗装職や事務員まで総動員して午前5時一斉に取り替え作業が開始され，さしたるトラブルもなく各地で16時30分から20時までの間に無事完了したと報告されている．7月17日という日を決めたのは，盆休み明けで統計的に貨物の出回りが少なく，日が長くて晴天が期待されたことなどによる．この際改造困難な木造車などはかなりの両数が廃棄されたので，結局対象となった車両は71,000両，うち53,000両が貨車であった．ちなみに1999年3月末におけるJR7社の新幹線を含む車両総数は38,900両，このうち貨車は11,500両で当時に比べて貨車の割合が激減しているのがわかる．

ところでヨーロッパの鉄道は北のロシア，南のスペインを除いて同じゲージで統一されており，客車も貨車も各国を自由に行き来している．国際列車は当たり前だし，貨車も国境で積み替える必要がない．それだけにかりに連結器を交換するとなれば1国だけというわけに行かず，全ヨーロッパが一斉にこれを行わなければならない．大正14年の日本のようなことが現在のヨーロッパに可能かどうか．恐らく答えは永久に「ノン」であろう．

ただしヨーロッパでもユーロスター，TGVなどの編成単位で運転される列車や，地下鉄を始めとする幹線から独立した路線では各種の自動連結器が使用されているのは，いうまでもない．

3 自動連結器

自動連結器の概要

自動連結器であっても特に密着式のものは密着連結器，また特殊構造のものはそれぞれの名称で呼ばれるのに対して，単に「自動連結器」，あるいは月並みだからか現場で「並連」と呼ばれている連結器がある．JIS E 4201によりこの連結器の形状，構造，材質，検査法等が規定されている．

自動連結器は1885年ごろからアメリカに登場し，わが国では前記し

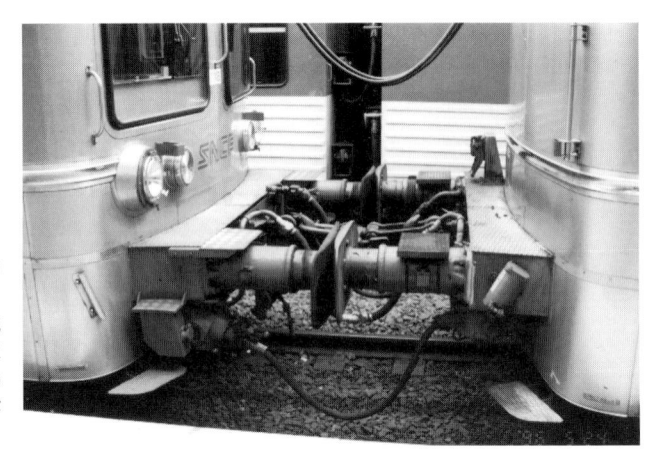

写真 2-21 フランスの国電の連結部
らせん式連結器で編成間を連結している．車両間隔が大きく開くのももったいない感じがする．

写真 2-22 ヨーロッパの貨車
スイスで見かけたドイツ鉄道（DB）の貨車．乗り入れ可能であることを示すさまざまな規格が表示されている．らせん式連結器と両側のバッファがものものしい．

写真 2-23 上作用式自動連結器
貨車は車上で操作するのが原則なので上作用が普通である．

たように大正14年から国鉄に採用されて全国どこにでも見られる連結器であった．外観は握手するときの人間の手に似ており，親指に相当する動かない部分を「守腕（guard arm）」といい，残る4本の指に相当する動く部分をナックル（knuckle）という．ナックルピンを中心としてナックルが開閉して連結．解放が行われる．

　握手をする手は，もちろん右手である．これを「**連結器に関する（石本の）右手の法則**」といい，並連だけでなくすべての連結器に応用できる．すなわち，連結器で突出部分があるとすればそれは車両から見て右側であり，引っ込んだ部分は左側なのである．これを知っていれば，写真の裏焼きを発見するのに役立つ．

　外側からは見えない部分が大半だが，自動連結器の内部には棒状の「錠」と「錠揚げ」，「ナックル開き」という部品が入っており，これらの連携プレーで自動連結器の巧妙な作動が実現する．

　ナックルが閉じて，連結器の内部でナックルの尾端にある孔に錠が落下し，ナックルが開けない状態を「錠掛け」という．連結器を開くには解放てこを操作して錠揚げを引き上げ，錠を孔から抜いてやる必要がある．しかし車両が連結状態のときは，錠を引き上げてもナックルは開けない．錠が引き上げられ，まだナックルが開かない状態を「錠控え」と呼ぶ．車両を分離させるとはじめてナックルが開く．

　連結しようとするときは，少なくとも片側の連結器のナックルが開いていることが必要である．車両が連結され，開いているナックルが外力によって閉じられると，錠が孔に落下し，ナックルは閉の状態（錠掛け）に保持される．

　両側の連結器のうち，一方だけでもナックルが開けば車両は解放され，逆に片側の連結器が施錠の状態でも片側が開いていれば連結ができる．連結も解放も片側の車両のてこ操作だけで行えるという点だけでも，さきのらせん式等に比較して自動連結器がいかに能率的であるかがわかる．

　また，この連結器の連結面の形状が上下方向に均一な，つまり糸鋸で縦に切り出したような断面であるから，前後の車両が走行中多少上下に変位しても連結状態を維持できる．

　錠を引き上げる解放てこが連結器の上側に配置されるものを「上作用」，下のものを「下作用」という．機関車や貨車は移動中でも車両のデッキやステップから操作しやすいように上作用，電車や客車などは地

写真 2-24 上作用式自動連結器
関東鉄道の旧型気動車．(1965 年撮影)

写真 2-25 下作用式自動連結器
南部縦貫鉄道（廃止）のレールバス．

写真 2-26 アライアンス式自動連結器
車両は明治村の6号御料車で，1910（明治43）年新橋工場製．

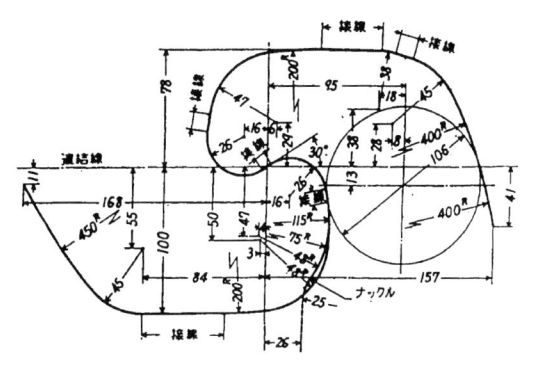

図 2-6　自動連結器の基準輪郭
JIS E 4201 の付図 2

上操作が原則なので下作用が普通である．特に電車や客車で連結器の上部に貫通路がある車両はどうしても下作用になる．

　自動連結器は古くはアメリカからの輸入でアライアンス式，シャロン式等があり，国産になって坂田式，柴田式などが登場した．内部構造等に多少の相違と特徴があるが，連結面の形状は同じでいずれも相互に連結可能である．

　自動連結器の材質は，本体はじめ主要部品がいずれも複雑な形状でかつ強度を要することから鋳鋼品が使用され，現行 JIS でいうと炭素鋼なら SC450，合金鋼の場合は SCMn2 と規定されている．JIS E 4201 に示された自動連結器の基準輪郭を図 2-6 に示す．

自動連結器の連結機構

　上作用柴田式を例に，図を参照しながら自動連結器の基本的な連結機構を理解していただこう．

　図 2-8 に示すように解放てこで引き上げたり落下したりして連結器の上に首を出しているものは錠そのものではなく，「錠揚げ (lock lifter)」と呼ばれる部品で，錠は図 2-9 (a) のようにこの錠揚げの下端にあるダボ（突起）a が「錠」の上端にある溝 b にはまっている．「錠掛け」状態のとき錠揚げは落下しており，錠揚げ下端のあご c が連結器本体の内壁に引っ掛かり，運転中の振動等で錠がはね上がって連結が外れることのないように保護している．この機能を「揚がり止め」という．

　解放てこの操作で錠揚げが引き上げられ，ダボ a が溝 b に沿って斜

写真 2-27 シャロン式自動連結器
車両は交通博物館の「開拓使」号客車（旧幌内鉄道）で，1880年アメリカ製．

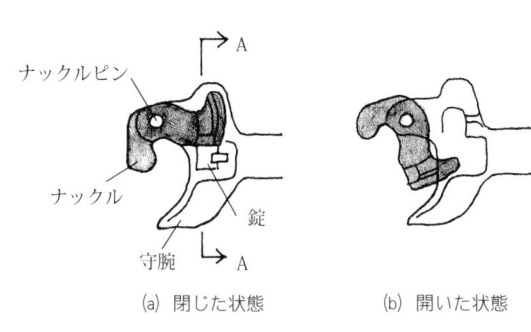

図 2-7　柴田式自動連結器　　(a) 閉じた状態　　(b) 開いた状態

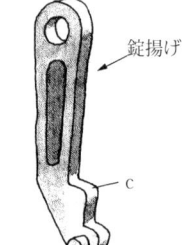

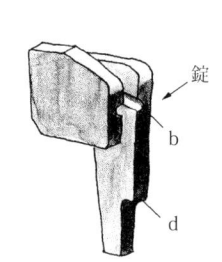

図 2-8　錠と錠上げ

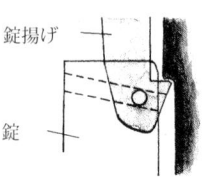

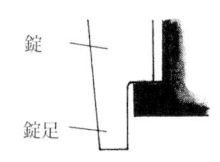

図 2-9　錠と錠揚げの作用　　(a) 揚がり止め　　(b) 錠控え

めにすべって上限に達するとはじめて錠も引き揚げられる．錠はナックルの位置よりも下に「錠足」とよばれる部分が伸びていて，下端付近に段付き部dがある．これが連結器本体の段に乗り，錠が上昇位置のままで腰掛けしている状態が図2-9（b）「錠控え」である．解放てこは手を放すと元に戻るが，錠が上がったまま腰掛けているのでナックルは自由に開くことができる．

　車両が引き離されるなどしてナックルが実際に開くと，錠は腰掛けからナックルのしっぽに乗り移る．したがってつぎにナックルが閉じられると，錠は腰掛けたりせず，ナックルからストンと落下して錠掛け状態となる．

　連結されている車両間では上から見えるのは錠揚げのみで錠は見えないのだが，錠が落ちていれば下面からは錠足が見える．つまり連結状態か錠控え状態かは下に錠足が見えるかどうかで判定できる．

　柴田式自動連結器にはもうひとつ外観からわからないしかけがある．ナックル開き（knuckle opener）とよばれるC形をした金属片である．図2-7のAA矢視による図2-10で，ナックル開きは連結器本体のこの断面内部にひそんでおり，錠が落ちているとき，その上あごは錠の真上にある．錠が引き上げられるとナックル開きはのけぞって尻餅をつき，下あごが目の前にあるナックルを蹴る．つまり車両が連結されていないときに解放てこを操作すると，錠控えとはならずにナックルが開くのである．車両が連結されていてナックルが開かないと，ナックル開きは無駄蹴りをしただけで立ち直る．これがこの機構の面白いところで，このような形状のものを中に入れてあるだけで支点となる軸受やばね等を全く使っていないから，点検したり油を差したりする必要もない．

　解放てこは，先端部を手前に持ち上げることで錠揚げを引き上げるのが役割である．先端部寄りの軸受は孔が上が丸く下は長方形，つまり鍵孔状をしている．一方てこ軸のこの部分は「平打ち」して断面が偏平になっており，孔の丸い部分まで軸を持ち上げれば回すことができるが，手を離すと偏平軸が長方形部分（てこ溝）に落ち込んで，はずみでは回らないようになっている．また作用部は引き上げ方向にしか力が伝わらないので，解放てこが元の状態に戻っても，引き上げた錠揚げを押し下げることはない．

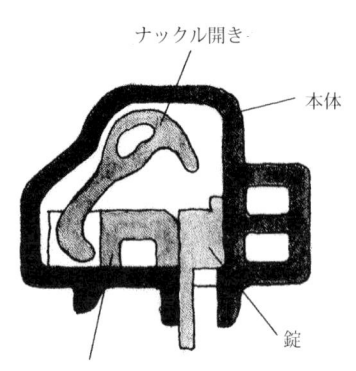

図 2-10　柴田式自動連結器の内部断面（図 2-7 の A-A 矢視）

写真 2-28　東急世田谷線の自動連結器
ナックルの中段が切れているのは昔，ピン・リンク式の貨車と連結していた歴史を物語る．玉電は多摩川の砂利輸送がルーツである（150 形，現存しない）．

写真 2-29　3/4 サイズの自動連結器
大井川鉄道井川線はダム建設用の小型車両の路線で，連結器も小型である．JR 在来線と同じ軌間だが，車両が小さいので広軌のように見える．

自動連結器の特徴

　自動連結器は，連結操作も解放操作も，どちらか一方の連結器だけで行えばよい．これは他の連結器にくらべた場合の自動連結器の利点である．車両の増結なら，待機する側で操作をしておけば走行してきた車両にいきなり連結できる．この章の始めでご紹介した貨車の突放でも，もし解放する両側の車両に人がつかなければならないとしたら作業性が大幅に低下してしまう．

　もうひとつは進行方向の隙間の存在である．図2-6の連結面からナックル先端までの厚みが78mmなのに対して，相手のナックルの入るふところの深さは100mmである．つまり1ヵ所の連結器に22mmの隙間があることになる．一方の連結器が閉じたままで連結，解放ができるために必要な隙間と考えられるが，これはこの連結器の利点でもあり欠点でもある．欠点はいうまでもなく走行中のガタの存在で，乗り心地を悪くする原因となる．一方，利点となるのは，たとえば長大列車などを停車させる際，各連結器のこの隙間を押し合う方向にいっぱいになるように操作すると，つぎの発車の際，機関車は最初は一番前の1両だけを引き出して始動すればよく，22mm走ったところで2両目の負荷がかかる．つまり段階的に負荷が増えてくる．機関車というものは動きだす際に最大のトルクを必要とするので，これがおおいに軽減されるのである．機関車は機関車自身と，牽引している列車とべつべつのブレーキ操作ができる．これをうまく利用するのである．

ウイルソン式連結器

　この連結器は簡易な構造ながら自動連結器の一種で，軽便鉄道や鉱山等の産業用鉄道など，目立たないところで使われている．密着連結器ではない．

　錠が進行方向に出入りする他に連結器本体には動く部分がない．錠が突出しているとあごの引っ掛かりによる連結状態が保持されるが，錠が引っ込むと隙間が出来て解放される．連結，解放の瞬間，連結器が首を振ることが必要である．錠を動かす解放てこによって自動連結器とほぼ同様に解放操作ができる．わが国では新潟の栃尾電鉄（越後交通）や九州の佐賀関鉄道（いずれも現在は廃止）などの軽便鉄道が近代化を図った際にピン・リンク式からこれに変更した例が見られる他，大きいところでは川崎製鉄（現・JFEスチール㈱）の千葉製鉄所で平炉製鋼の時

写真 2-30 自動連結器のバックアップ？
インドネシア国鉄の貨車は自動連結器とチェーンを併用している．

写真 2-31 ウイルソン式自動連結器
不使用状態で横を向けてあるので，手前が連結器の正面である．千葉市内に保存されている旧千葉製鉄所の蒸気機関車．

写真 2-32 ウイルソン式連結器をつけた機関車
高知県の四国鉱発白木谷鉱業所で．
（許可を得て撮影）

写真 2-33 ロシアの連結器
連結機構はウイルソン式と同様と思われる．サンクト・ペテルブルグの国電．

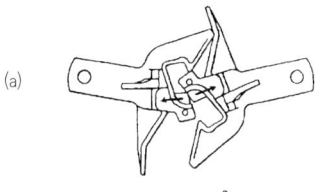

図 2–11 ウイルソン式連結器
(a) 自動連結の瞬間
錠は押されると矢印方向に引っ込む
(b) 連結状態
錠を引っ込めない限り解放されない

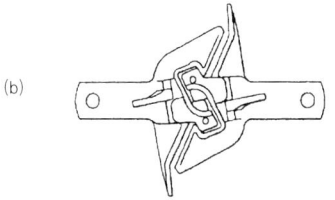

代に炉前の装入台車にこれを使用しており，このためこの製鉄所の機関車はすべて通常の自動連結器の下にこのウイルソン式を装備していた．高知県の四国鉱発白木谷鉱業所をはじめいくつかの鉱山内の鉱石輸送では現在も使用されている．

ロシアの国鉄が使用している自動連結器はこのウイルソン式を大型にしたような構造で，あのシベリア鉄道の長大貨物列車も，この連結器で牽引されているのである．

4　密着連結器

自動連結器のうちで，連結面に隙間のないものを特に密着連結器と呼ぶ．これにもいろいろの種類がある．JIS E 4203「鉄道車両用密着連結器」に材料，機能等の規格が定められている．

密着式自動連結器

戦後に登場した「密着式自動連結器」は，いわゆる自動連結器である並形連結器を改良して密着形にしたものである．JR では主として気動車と客車に，また多くの私鉄で電車や気動車に採用されている．並連との連結が可能であることから，車両毎に段階的に採用できたことが普及に貢献している．

並連では車両進行方向に見たナックルの厚みと，ナックルの入るところの深さとに差があったが，密着式自動連結器はこの寸法を等しくしている．しかし一方の連結器を閉じたまま連結．解放できるという特

写真 2–34 小型密着式自動連結器
並連に比べ，ナックル回りを残して上下周囲の肉が削られているのがわかる．

写真 2–35 密着式自動連結器の連結状態
守腕が相手に嵌合し，その下で空気管も接続されている．名古屋市地下鉄東山線の 100 形保存車．

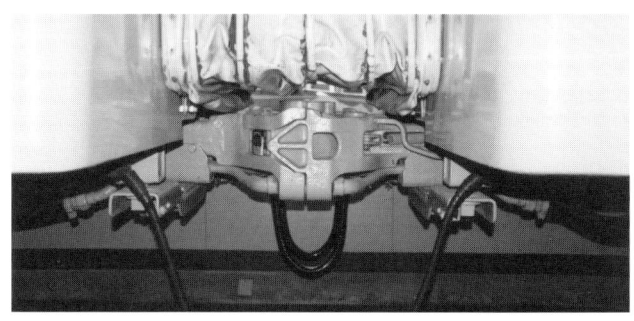

写真 2–36 リモコン制御による解放操作
列車の分離直後で，左側の連結器はナックルを閉じたままである．(名鉄)

写真 2–37 密着式自動連結器のワンセット
完全分解したところ．新京成くぬぎ山車両基地．

性を残すため，ナックルの外面角部を削るなどの工夫が見られる．また守腕を三角形状にして相手の連結器にこれに対応するくぼみを設け，上下方向もぴったりと固定されるようになっている．この結果として連結面は進行方向にも，また上下左右にも密着するので，ゴムパッキンを介して空気管を接続することが可能である．

密着自連にも，並連と同等の強度を有し，主として客車に使われるものと，動力が分散しているため大きい牽引力の作用しない電車，気動車に使用される「小型」と呼ばれるものとがある．後者は水平面の形状が特に小さいわけではなく，上下方向の肉を削って小型軽量にしている．

名鉄ではこの密着式自動連結器に運転台からの遠隔操作による解結装置を取り付け，空気，電気回路も同時に解結している．

回り子式密着連結器

単に「密着連結器」ともよばれるこの連結器は，並連とは形状がまったく異なり，機能上は「密着式の自動連結器」には違いないのだが，これでは区別がつかないので一般に「密着」の方を強調してこの名がある．現行 JIS では密着連結器 1 種に相当し，歴史的にも密着自連よりもずっと先輩である．発明者の名をとって「柴田式密着連結器」ともいう．わが国では試験段階を経て 1934（昭和 9）年 1 月から東京と大阪の省線電車に採用されて以来長らく国電のシンボル的存在であったが，昭和 50 年代頃から各地の大手私鉄でも相次いで採用され，現在わが国の連結器の主流となりつつある．

この連結器は四辺形状の連結面が特徴で，車両から見て右側に角形の突起があり，これを「案内」という．左側には相手側連結器の案内が挿入される「案内挿入部」すなわち角孔がある．右手を握って人指し指を突き出した恰好であり，この連結器にも「右手の法則」があてはまることに注目したい．

案内内側の根元のところに，連結面中央を縦軸として 45 度回転できる半割り円筒状の「回り子（JIS では連結錠）」が挿入されている．切り口は通常ばねの力により進行方向に対して 45 度の方向を向いているが，解放レバーを引くことにより，あるいは相手の連結器の案内が案内挿入部に進入してくると回転して案内の側面と面一となる．両側の連結器が密着すると回り子はばねの力で再び 45 度の向きに戻り回り子が互いに相手の案内に食い込んだ形となって連結が保持される．

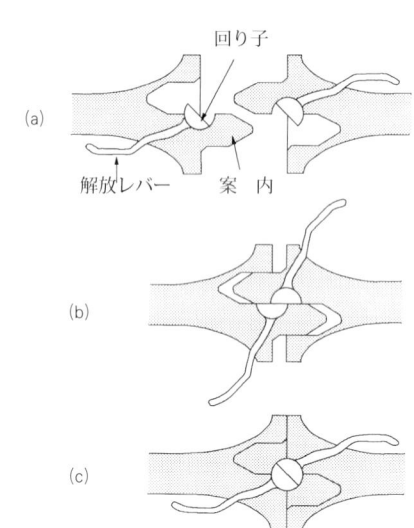

図 2-12 回り子式図密着連結器の連結機構
案内と回り子の関係

写真 2-38 回り子式密着連結器
連結面上部に空気管接続部がある．連結器の下は電気連結器．
(近鉄特急)

写真 2-39 回り子式密着連結器
口絵写真のオリジナルに比べ，不要な部分が削られてスリムになっているのがわかる．JR九州のクハ103形電車．

回り子式密着連結器は，文字通り「案内」を案内として進行方向にスムースに連結・解放が行われ，連結状態での隙間もないから，ブレーキ用の空気管を連結面に配置し，自動接続することができる．さらに連結器の主として下部に電気カプラを取り付け，車両間の複雑な電気回路も同時に接続することができる．かつて車両の連結・解放といえば連結器の操作の他に，空気ホースや先端にカプラのついた電気ケーブルの接続，切り離しが必要であったが，これらの手作業がまったく不要になったのである．

　前記の名鉄は例外として，営業列車の連結．解放を日常的に行っている他の私鉄，たとえば近鉄，京急，小田急などが自動連結器を密着連結器に変更しているのはこうした作業の効率化の狙いが大きい．

　この連結器の本体も以前に比べずいぶんスマートになった．周囲の余分な肉がどんどん削られてスリムになっている．連結面も必要最小限に残してあとはくぼませ，機械加工を少なくしている．もちろん肝心の案内と案内挿入部については変わっていないから，相互に連結可能である．

トムリンソン式密着連結器

　一見回り子式に似ているので同じものと思っている人も多いようだが，機構が全く違う．図2-13に示すように，「案内」が固定ではなくかぎ状になっていて，左右に首を振るのである．かぎの部分が互いに引っ掛かって連結される．案内が動く代わりに連結面の方が嵌合(かんごう)しながら結合するよう，複数の突起と，これが挿入される孔が設けられている．アメリカではシカゴ近郊のイリノイ・セントラルの電車が使用している．わが国では東京メトロ（旧営団地下鉄）の銀座線と丸ノ内線，九州の西鉄天神大牟田線などが，また一回り小型のものを京都の京福電鉄嵐山線が採用している．

ウエスチングハウス式密着連結器

　ニューヨークの地下鉄が以前から使っている連結器である．わが国では唯一現在の京浜急行が1926（大正15）年以来採用していたが，1959（昭和34）年暮開業の都営地下鉄1号線（現在の浅草線）を経由して京成との3社相互乗り入れが決まったとき，他の2社と連結器の形式および高さの異なっていた京急が譲歩して平凡な密着式自動連結器に（現在ではさらに回り子式に）変更してしまい，わが国では現役から姿を消

写真 2-40　トムリンソン式密着連結器
左右に動く案内は側面がかぎ状になっている．東京メトロ上野車庫．

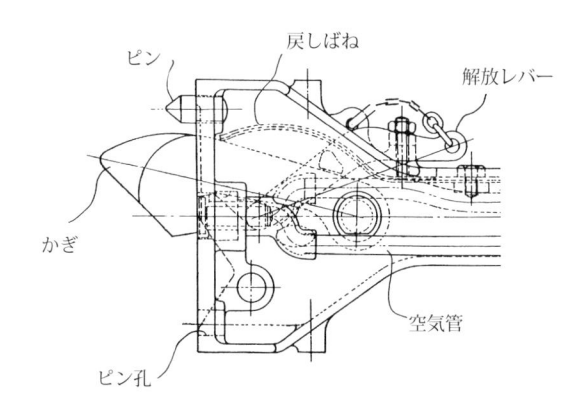

図 2-13　トムリンソン式密着連結器

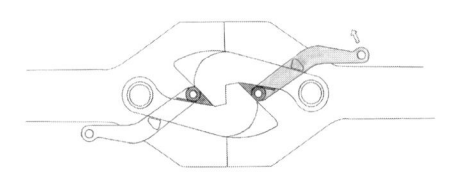

図 2-14　トムリンソン式密着連結器

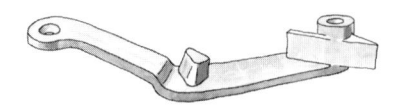

図 2-15　トムリンソン式密着連結器の解放レバー

した連結器である．案内は固定で，根本の内面に電気カプラが内蔵されており，連結の瞬間連結器全体が首を振ってかみ合う珍しい連結構造であった．

　余談だがこのとき，都営地下鉄は第三軌条方式を採らずトンネル断面の大きい架線方式で地下鉄を建設することで譲歩し（浅草線はわが国初の架線方式による地下鉄である），京成は全線のレール間隔（軌間）を変更して2社に合わせることで譲歩した．三方一両損というが，一番負担の軽かったのは京急ではないだろうか．

　1969年版の旧JISではこの連結器が付図2として記載されていたが，現行のものでは削除されている．

ヴァン・ドーン式密着連結器

　シカゴのVan Dorn Coupler Co.の製品で，一般にはバンドン式と呼ばれている．案内は固定で，連結の瞬間互いに首を振って連結される．案内の挿入される孔は左右に広く，連結状態では案内を受け入れた連結器の回転式の錠が案内の外側にかぶさって左右の動きを止め，連結状態を維持する．

　わが国では唯一，関西の阪神電鉄が1920（大正9）年という早い時期に採用し，現在も使用している．

　1969年版の旧JISではこの連結器が付図5として記載されていたが，現行のものでは削除されている．

5　その他の話題

連結器の取り付け寸法

　連結器の取り付けられる位置はレールの中心線上であることは当然だが，その高さは路線によりまちまちである．国鉄〜JRと，これに貨車が乗り入れる可能性のある私鉄とはこの高さを統一する必要があるためレール上880 mmという標準寸法が定められているが，独立の路線を走る私鉄や，車両断面を小さく設定している軽便鉄道等では独自にこの寸法を定めている．しかし近年，私鉄や地下鉄，JR等の路線が相互に乗り入れる機運が高まって，前記の京急のようにこれまで必要のなかった連結器高さの統一を行うはめとなる例もある．関西の阪神と山陽とは神戸高速鉄道のトンネルを通して梅田〜姫路間の相互乗り入れを行ってい

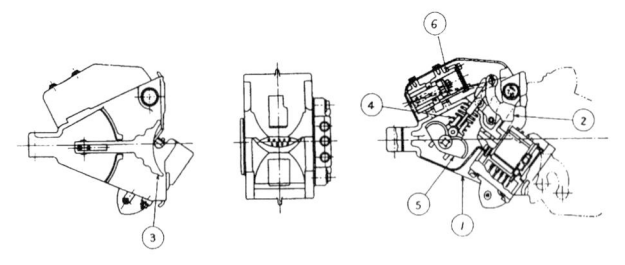

図 2-16 ウエスチングハウス式密着連結器
JIS E 4203 (1969) の付図 2

①連結器体
②連結錠
③解放レバー
④錠押しばね
⑤錠止め
⑥空気シリンダ

写真 2-41 ウエスチングハウス式密着連結器
外観からは連結機構がわかりにくい．京急久里浜工場のデ1形保存車．

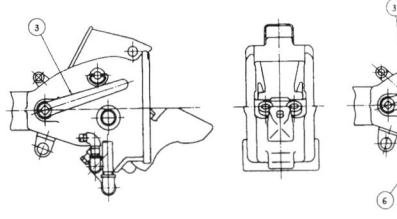

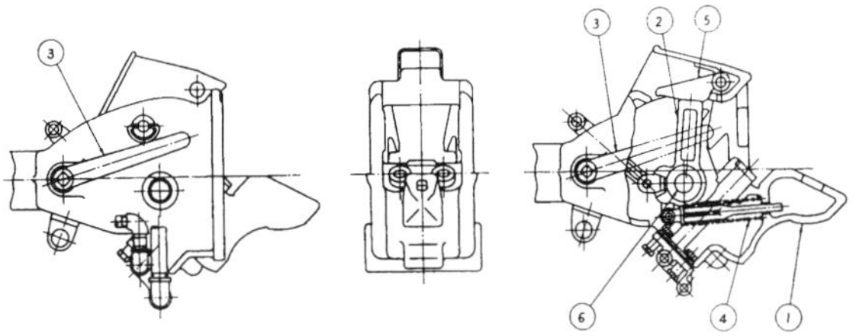

図 2-17 ヴァン・ドーン式密着連結器
JIS E 4203 (1969) の付図 5

①連結器体
②連結錠
③解放レバー
④錠押しばね
⑤錠控え装置
⑥錠止めピン

写真 2-42 ヴァン・ドーン式密着連結器
わが国では阪神電車にしか見られない珍しい連結器．

るが，両者の連結器高さと種類は異なったままであり，非常の場合の連結用として「偏差カプラ」を車両および地上に配置することで対応している．阪神は，現在工事中の「西大阪高速鉄道」が開業して西大阪線西九条と近鉄難波が結ばれると，近鉄との間でまたまた連結器の問題が生じるので，ヴァン・ドーン式が見られるのも今しばらくである．なお，連結相手が変わらない固定編成の永久連結部分などは標準高さとする必要がないから，同じ車両の前と後ろで連結器の高さがちがうという例は多い．

　もう一つの寸法として車体の連結妻面からの突き出し長さがあり，これも路線によって結構まちまちである．新幹線を含むJR各社と関東の大手私鉄はほぼ250 mmで統一されているが，関西の私鉄は300～360 mm，名鉄は365 mmもある．連結妻面の間隔が大きいと連結した場合の列車の全長が長くなって，プラットホームが長くなったりホームからの乗客の転落の危険が大きくなったりする不都合を生じるから，突き出し長さは短いほどよいわけだが，その路線の最急カーブの半径によってむやみに短くできない．京急の蒲田駅から空港方面に出るところに有名な半径80 mの急カーブがあるが，カーブの内側では隣の車両の角がくっつきそうだ．雨樋や屋根に昇るステップがぶつかるので位置をずらしている程である．

異種連結器間の連結

　ひとつの路線において連結器が1種類だけであれば問題ないが，ある時点以降の新車に在来車とは異なる連結器を採用した場合や，他社からリサイクルで車両を受け入れた場合，あるいは近年JR，私鉄ともに活発になっている他社路線への乗り入れなどで，異種連結器間の連結という問題が発生している．また仮に連結器のタイプが同じでも，前記したように路線により取り付け高さが異なる場合もある．

　今は見られなくなったが，碓氷峠の助っ人として横川～軽井沢間の勾配区間で横川側に補機として連結されていたEF63形電機（36頁参照）などは，電車にも客車にも，また貨車にも連結しなければならず，このうち電車は密着連結器，他は自動連結器だったから，その両方に連結できる首振り式の両用連結器を備えていた．自動連結器を使用する場合，寸法的に余裕がないのでナックルは開閉できず固定で，相手の連結器で連結操作を行っていた．

写真 2-43　首振り式両用連結器
並連が正面になり，密連が横を向いている．碓氷峠の EF63 形電気機関車．

写真 2-44　並連との中間連結器
銚子にやってきた元銀座線の電車（145 頁参照）．中間連結器のナックルは開閉しない．

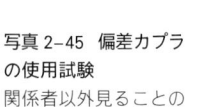

写真 2-45　偏差カプラの使用試験
関係者以外見ることのできない光景．左の山陽車と右の阪神車の連結器高さの違いがよく分かる．
（阪神電気鉄道㈱提供）

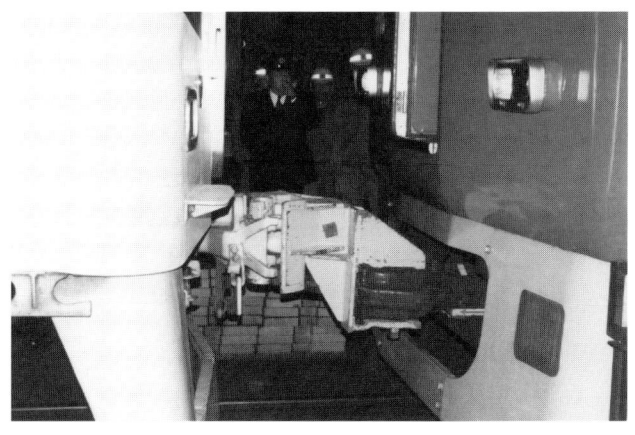

このような場合は例外で，一般にはこうした形式の異なる連結器同士を日常的に連結することはないが，事故，故障等の非常の場合に該当車両を移動するのに，連結が必要となる．

このために，前後で異なる連結器を合体させたような，中間連結器というものが使用される．路線のあちこちに配置されたり，車両に搭載されていたりして，使用に際してこれを連結器に取り付ける．本来の連結器並の牽引力が必要な場合には一般の連結器と同様に鋳鋼で製作されるが，あまり重いと取り付け取り外し作業が困難なので，一般には非常用ということで鋼板製の中空で軽量のものが使用される．

密連をつけた小田急の中古車を受け入れた新潟交通では在来車が並連であったから小田急車に中間連結器をつけっ放しにしていたし，同様にトムリンソンをつけた銀座線の中古車を走らせている銚子電鉄ではこの車両に中間連結器を取り付けたままにしている．

都営浅草線を通して京成始め各社と相互乗り入れしている京急の場合，自線内専用車と乗り入れ可能車を区分し，後者の先頭部分の床下に中間連結器を搭載している．ヴァン・ドーン式密連の阪神電車と密着自動の山陽電気鉄道を連結する「偏差カプラ」のことはすでにふれた．

九州の西鉄では長らくトムリンソンを使用してきたが，最近の新車には回り子式密連を採用している．このため，まだ少数派である密連車には中間連結器を積み込んでいる．

連結器の製造と供給

前記したように，連結器はその複雑な形状と要求される強度から，ごく簡単なものを除いてすべて鋳鋼製である．鋳鋼品には鋳型が必要であり，新規の形状のものを少量生産することは価格面からしても困難である．

これまでご紹介したように，連結器としてはさまざまな種類のものが世界で発明されてきたが，最大でも20年という特許権の存続期間よりも連結器の寿命が長く，予備品を作る頃には特許が切れているのが普通だから，当初は輸入していてもいずれ国産で製造が可能となる．阪神のヴァン・ドーン式の例でいうと，戦後の1954年に登場した3011形の際はすでに米国のヴァン・ドーン社ではこの連結器を製造していなかったため日本製鋼所で製造し，その後1962年からは日立製作所が製造しているが，1971年を最後に新規の製造はなく，新車にも手持ちの在庫

写真 2-46 電気連結器
密着連結器の下に電気連結器が2段に取り付けられている．運転台からの遠隔操作による連結．解放にはこの装備は欠かせない．JR四国の 7000 形電車．

ツールボックス

規制緩和と構造規則

　かつての運輸省は，規制のやかましいことで有名であった．田舎のバス停を 10m 移動するのにも認可が必要であったといわれた程である．ただしそれはいわゆる民間の運輸業者に対する場合であって，以前の国鉄はいわば運輸省とは対等の存在だから規制する法令も異なり，大甘だったようである．余談になるが，おかげで民鉄の場合は過去の工事記録などを調べるのに役所へ行けば詳細な書類が残っているが，国鉄関係は記録がなく，鉄道史の研究には難儀するそうである．

　本書のテーマである車両のパーツに関しては，かつては，ハード面では「普通鉄道構造規則」，ソフト面では「鉄道運転規則」（いずれも運輸省令）によりこと細かく規制されていたが，昨今の規制緩和の風潮によってこれらが大幅に改正され，安全上よくよく肝要な事項を除いて運輸業者の自己管理に任されるようになった．『鉄道六法』の頁数で見ても，両省令合わせて約 130 頁だったのに対し，これらを一本にまとめた「鉄道に関する技術上の基準を定める省令」（国土交通省令）ではわずかに 17 頁にすぎない．規制とは無関係の法令の「読者」にとっては，物足りないことおびただしいのである．旧省令ならほとんどのパーツが網羅されていて，規制はともかく，各パーツがどうあらねばならないかが列挙してあり，事典的な面白さがあったといえる．

　したがって本書ではあえて旧省令の規定を引用したケースが多い．

　なおひとくちに「法令」というが，「法律」の下の「施行規制」や「省令」などの行政府による規制が実務を支配しているのは，鉄道に限った話ではない．

Tool Box

品を取り付けている．しかし前記のように近年編成が固定化し，編成の中間には棒連結器，あるいは中間連結器が使用されているので，昔の車両が1両に2基ずつこの連結器を備えていたのに比べて現在は6両固定の両端にしか必要ないから1両あたり1/3基でよいことになり，車両数が増加しても連結器の在庫は十分あるとのことである．

同様の事情はトムリンソンを使用している東京メトロ（旧営団地下鉄）や西鉄にもいえることであろう．これらの鉄道が新規路線や新車に，入手に不安のない回り子式を採用しているのは，将来の供給態勢をも考慮してのことと考えられる．

電気連結器

編成された列車は連結器によって車両同士が機械的に連結されていることは勿論だが，さらに電気配線と空気管が連結されていることが必要である．密着連結器や密着式自動連結器の場合，連結器本体に空気管が組み込まれていて自動的に連結されるのが普通だが，電気配線についてはウエスチングハウス式以外の一般の連結器では連結器には組み込むのが困難なので，別個にジャンパと呼ばれる接続用の短いケーブルを車両間に取り付けて接続することが行われている．

しかし密着式連結器では連結面間はピタリと合って動くことがないので，連結器本体の上または下に電気連結器を取り付け，人力作業であるジャンパの接続をなくすようにするのが一般的になっている．電気連結器は多芯のコネクタで，ケースの中の絶縁材の板に縦横斜めに数十本の導体の棒をびっしりと植え込んだような構造であり，連結状態では対応する棒同士が押し合って接触し電気が通じる仕組みである．昔の電車は構造が単純だったから電気の引き通しもたかだか十数本だったが，最近では高圧・低圧・直流・交流と電気回路の種類と本数は増える一方で，電気連結器も120芯〜168芯などざらである．

雪や塵埃による接触不良を防止するため，連結されていないときは電気連結器の前面には回転式のカバーがかかっており，相手の連結器が接近してカバーの脇の押し棒を押すとカバーが開く仕組みになっているから，通常，接点部分を見ることはできない．

3章 台車物語

1 台車の役割

　台車は英語で truck という．貨物自動車を意味するトラックや，物を運搬するトロッコも同じ言葉である．ボギー（bogie）ともいう．一方，鉄道線路や軌道，運動場のトラックや映画のサウンドトラックなど，通り道を表すトラックは track で，別の言葉である．

役割その1―車両の支持

　台車は鉄道車両の車体を下部で支えている．鉄道車両にもさまざまな種類があるが，もっとも一般的なのは「2軸ボギー車」と呼ばれるもので，車体の前後にそれぞれ車軸を2本持った台車が配置されている．台車には1軸や3軸のものもある．昔（3等まであった時代）の1等など

のいわゆる優等車は乗り心地を良くするため3軸台車が使用されたものだが，台車の性能がよくなったので，軽量化に反する3軸台車は用いられなくなった．

　台車を使用せず，直接車体に2本の車軸を取り付けたような構造の車両は一般に「4輪単車」と呼んでいる．明治時代のマッチ箱客車などがそうである．ヨーロッパなどでは3軸の6輪単車構造の車両もある．

　鉄道線路は，路線毎に負担できる荷重（標準活荷重）を想定して軌道や橋梁などの構造物が設計される．1軸当たりにかかる重量を「軸重」，車輪1個あたりの重量を「輪重」という．かつての国鉄には路線に特甲線，甲線，乙線，丙線，簡易線などという区分があったが，わが国の場合最大でも軸重はたかだか18t程度である．アメリカなどでは30t以上という軸重が想定されていて大型機関車が投入される．機関車を使用しないいわゆる電車区間では車両の重量が平均化しているため軸重を低く抑えることができる．

　さて，普通の2軸ボギー車であれば，簡単に考えて1両の車両の自重と乗客や貨物等の荷重を加えた全重量を4で割った値が軸重となる．これが許容値を越えると予想される場合には軸数を増やしてもっと多くの軸で車両を支持しなければならない．「大物車」と呼ばれる重量物を運搬する貨車や，クレーンを載せた「操重車」と呼ばれる貨車などには軸数のかなり多いものがある．わが国最大の大物車は2軸台車8基，3軸台車4基の合計28軸で最大280tを運搬することのできるシキ700形である，とものの本にある．

　1つの台車の2本の車軸には通常均等な軸重がかかるが，動力台車の場合，牽引力は軸重×摩擦係数が限界だから，片側の車軸しか駆動しない台車では駆動軸の車輪の径を大きくし，心皿に対して非対称に車軸を配置して駆動軸の方に大きな荷重（すなわち牽引力）がかかるようにするとよい．このような台車を maximum traction truck といい，昔の路面電車などに見られた（74頁，写真3-5）．

役割その2―曲線の通過

　台車に要求される役割の第2は，車両が曲線を通過できるように車両に対してレールの方向に首をふる機能である．通常の台車は2軸の中央，かつ枕木方向の中央で縦方向のセンターピンを介して車体に取り付けられており，このピンを中心に自由に回転できる．2軸の間隔（固定軸距，

写真 3-1　3軸台車
旧お召し編成の供奉車（大宮工場の保存車）．

写真 3-2　4輪単車
廃止された新潟県・蒲原鉄道のハ1号．

写真 3-3　大物車
シキ600形は3軸台車×8の24軸で240t積み．中央部分が割れて，ここに大型荷物が固定される．

写真 3-4　ソ300号操重車
保線作業，事故復旧，橋梁架設などに活躍した．廃車後碓氷峠鉄道文化むらに展示されている．自重154.7t，最大扱い荷重35tで，4軸台車×4の16軸．

ホイールベース）が大きいと，曲線部のレールに対して車輪に大きい角度が生じるので，むやみに大きくできない．逆にホイールベースが極度に小さいと，直線区間における蛇行動が発生しやすく，これも好ましくない．

　3軸ボギーの場合，曲線通過を容易にするため，通常，中間軸を軸方向に移動可能とするか，フランジをなくすなどの工夫をしている．蒸気機関車のフレームは通常台車とはいわないが，4軸，あるいは5軸が1つのフレームに取り付けられる場合があり，同様な配慮がなされている．

　従来一般の台車は，直線区間から曲線区間に入ってもはじめはこれまでの方向を向いているので，接線方向に対してある角度を持ったまま曲線に進入し，曲線に入ってから車輪踏面のテーパなどの作用で次第に向きを変えることになるが，この間でレールに波状摩耗などが発生するので，曲線進入を予想して予め首を振らせようとする試みもあり，そのような台車を「操舵台車」と呼び，すでに一部で実用化されている（121頁参照）．

役割その3—乗り心地の改善

　台車は本来，上記2つの目的で発明されたものと考えられるが，これだけであれば古典的な台車でもほぼ目的は達成している．にもかかわらず，無数といってもよいさまざまな構造の台車があとからあとから登場してくるのは，乗り心地の改善という第3の役目に対する根強い追求が続けられている証と考えることができるだろう．

　追々ご紹介するように，台車の構造，形式は実に千差万別である．多少の流行のようなものは感じられるが，同じメーカーでもいろいろなタイプのものを並行して作っていたりして，これといった決定版はないように見受けられる．

　台車は比較的簡単に交換することができるので，車両が製造された後でも台車だけをよりよいものに改良することは容易である．西武鉄道などは戦後国電のお古を貰い受けて当面の輸送需要に間に合わせ，少し余裕の出たところで車体を作りなおして見た目を改善し（しろうとは新車だと思って喜んだ），さらにしばらくして台車を新品に変えて完全な高性能車にするという涙ぐましい努力を続けてきた．

　台車による揺れ，騒音，乗り心地の差はかなり大きいものだが，無意識に電車に乗っていても気づかないことが多い．名古屋鉄道の美濃町線（2005年3月末で廃止）に乗ったときのことである．この路線は岐阜市

写真 3-5 マキシマム台車
右側の車輪がモータ付きで径が大きく，やや心皿に近づけてある．神戸市電 609 号．
(1960 年撮影)

写真 3-6 西武の 701 系セミ新車
馬脚を露すという言葉があるが，一見ピカピカの新車もよくよく足元を見れば…．
(1966 (昭和 41) 年撮影)

写真 3-7 西武 701 系の台車
現在は近代型の台車に変わっているが，当初はこのような大正時代の台車の軸受をころに変えただけのしろものだった．

写真 3-8 名鉄美濃町線 880 形
空気ばね台車をはいた 2 車体連接車．関終点で．

内を出発して国道沿いに刃物の町，関まで行く路面電車だが，道路脇に敷かれたレールもあまり上等ではないので，古参の電車がガタピシガタピシと走るのも仕方がないものと思っていた．ところが帰りに乗った電車はこの線の新鋭，空気ばね台車つきの880形で，コーッと快いひびきをたててすべるように走る．単線だからさっきと全く同じレールを走っているのに，それが信じられないほどの違いであった．

台車の基本構造

台車にはさらに少なくとも2つの重要な役割がある．そのひとつは車両に対するブレーキ力を発現する場となること，もうひとつは車両の走行のための動力を発現する場となることである．ブレーキ力は，台車が車体とレールの中間に介在するものである以上，ほとんどすべての台車に要求される．また車両側から見ても，ごく特殊な，パラシュートを開いて減速するような場合を別として，台車に依存しないブレーキ力というものはほとんどないといってよい．一方，走行力（牽引力）が必要なのは，機関車，電車など動力車と呼ばれる車両の動力台車のみである．

これらの機能については後回しにして，先ずは車体支持機能と曲線通過機能のふたつを，台車の基本構造から考えてみよう．

図3-1は，軸ばね式と呼ばれる2軸台車の外観図である．いささか旧型に属するものだが，台車の基本的構造はこれで十分説明できる．

構成としてまず長方形状の台車枠があり，それに軸ばねを介して2基の輪軸がはまっている．はまっている部分は軸箱守（pedestal）といって，軸受の入った軸箱が上下にスライドできる．したがって4つの車輪はそれぞれほぼ独立に上下に変位できるから，かりに4つの車輪の接するレールの表面が1平面になくても静力学的には原則として車輪が浮くことはない．

つぎに台車枠は直接車体に取り付けられているのではなく（それでは回転できない），センターピンと揺れ枕（bolster）というものを介している．図3-2でご覧頂くと，揺れ枕は上揺れ枕と下揺れ枕に分かれ，その間に枕ばねが挿入されている．下揺れ枕は揺れ枕吊りによって台車枠から吊られ，上揺れ枕は中央の心皿，両端の側受けの3ヵ所で車体を支えている．ここにも不静定構造があるが，側受けの高さを調整することで例えば心皿が70%，あとの両側受けが30%などと荷重の分担を任意に変えることができる．側受けの分担を多くすれば当然首振り時の抵

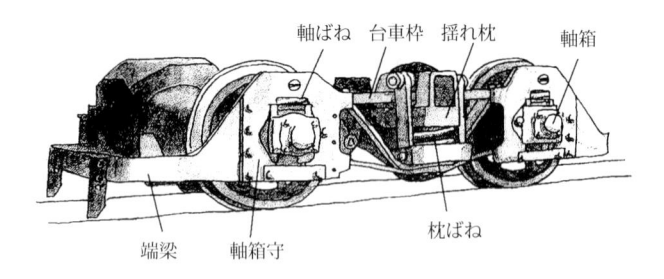

図 3-1 軸ばね式 2 軸台車

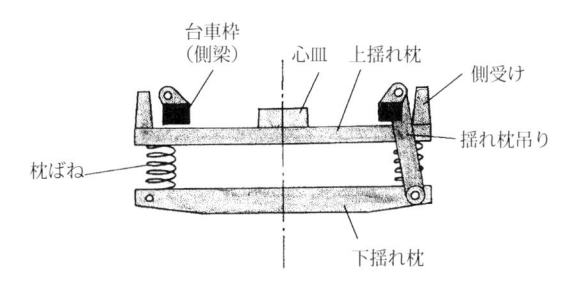

図 3-2 揺れ枕回りの構造

写真 3-9 整備中の揺れ枕
台車枠に連結される揺れ枕吊りは下向きに倒してある．新京成くぬぎ山車両基地．

抗が増大する.

　なお以上の説明はあくまでこの図3-1の台車の場合であり，追って説明するように今日では揺れ枕のない構造の台車が増加している．揺れ枕が上下に分かれず1枚しかない台車もある．

　軸ばねと枕ばねの組み合わせによって台車の重要な役目である振動の吸収が行われる．両者のばね係数の選び方は台車の防振設計の重要なポイントであるが，軸ばねを固くして枕ばねを柔らかくするのが今日の常識のようであり，現在では枕ばねには通常空気ばねが使用される．

2　台車のいろいろ

　台車には実に種類が多く，同じ路線でもさまざまなものが使われているし，極端な場合，同じ編成でも前後の車両で台車の形式が異なる場合もある．それだけ標準解がない，ということにもなるだろう．

　大正頃までは，台車はすべて外国からの輸入であった．国産化が実現して，大戦前までは特に国鉄における標準設計の台車が私鉄でも採用される傾向にあったが，戦後各台車メーカーがさまざまな台車を発表するに及んで，現在では台車は車両新製ロット毎に設計をやり直す注文生産品となっている．

　台車の種類を見分けようとする場合，着眼点は大きく3つある．第1が軸ばねを含む軸箱の支持構造，第2が枕ばねを含む揺れ枕の構造，第3が台車枠の製造方法である．以下この順番に説明を進めることにするが，特に第1の軸ばねを含む軸箱の支持構造については特にバラエティに富んでおり，趣味的にも面白い部分であるので，少し詳しくご紹介してゆくことにしたい．

　なお本章では原則として通常の2軸台車を対称とし，また台車の本来機能のみで考えることにして，駆動手段やブレーキ関係などの付帯機能による相違は考慮しないことにする．

軸箱の支持構造

　2軸台車では2本の輪軸，厳密には4つの車輪がそれぞれ独立に上下方向に変位できなければならない．1本の車軸には2個の車輪が嵌められ，通常その両端に軸受を収めた軸箱が配置される（一般的ではないが軸受が車輪よりも内側になっている台車もある．例えば106頁写真

写真 3-10 軸ばねなしの台車
国鉄時代の TR41 と呼ばれる貨車用台車．側枠と軸箱は一体に鋳造されている．

写真 3-11 イコライザ式台車
アメリカ，ブリル社製．イコライザは片側に 2 枚ずつある．新京成モハ 41．（現存しない）

写真 3-12 イコライザ式台車
アメリカ，ボールドウイン社のものをスケッチした国産．名鉄モ 704．（現存しない）

3-50). したがって台車でいえば4つの軸箱が上下方向に変位できるわけである. つまり, 原則として各軸箱は軸ばねを介して台車枠に対して上下に変位し, 台車枠は枕ばねを介して揺れ枕に対して上下に変位するのである.

軸箱を変位可能に支持するための支持機構には, つぎのようなものがある.

軸箱が台車枠にほぼ固定されているもの

乗り心地があまり問題にならない貨車などには, 軸ばねを実質的になくし, 軸箱を台車枠に直接固定した構造の台車もある. また, 旅客車用でも, 軸ばねは防振ゴムをはさむ程度にして, その分枕ばねをうんと柔かくして乗り心地を損ねずに台車の構造を簡易化した, エコノミカル台車と呼ばれるものもある. いずれの場合も, 車輪の浮き上がりを防止するため, 両側の台車枠を剛に接続せず, 4つの車輪が独自に上下できるようにする必要がある.

余談になるが, 鉄道模型の台車は, ばねはほとんど見かけだけで機能しないので, 両側の台車枠の連結をゆるくして脱線を防止している場合が多い.

台車枠に縦方向の案内面を設けたもの

軸箱が上下方向に摺動可能なように嵌める案内面を軸箱守あるいはペデスタルと呼ぶ. 嵌合面の一方には銅合金やレジン等のライナが張られ, 油, グリースなどの潤滑が施される. 相手側についても摩耗を考慮して交換可能とした構造が望ましい. ばねとの組み合わせでつぎのような種類がある.

・イコライザ形

イコライザ（釣り合い梁）とは前後の軸箱にまたがる弓形の梁で, 両端の持ち上がった部分が軸箱に載り, 中間の下がった部分に軸ばねが配置される. ブリル社（J. G. Brill）, ボールドウイン社（Baldwin）など, アメリカを起源とする古典台車の代表的なもので, わが国でも多くの私鉄が戦後までこのタイプを採用していた.

イコライザによって前後の輪重がバランスするのはよいが, イコライザ自体が重く, またほぼ全長にわたって台車下方にこれがあるため枕ばねまわりの設計に制約を受けるなどの問題点がある.

・軸ばね式（ペデスタル形）

軸箱の上部にばねを配置する方式. どちらかといえばヨーロッパ形で

写真 3-13 軸ばね式台車
76E-1 と呼ばれるブリル社製．蒲原鉄道モハ21．（現存しない）

写真 3-14 軸ばね式台車
戦後の国鉄軽量客車ナハフ11に使用されたTR-50台車．台車枠もプレス溶接構造で軽い．（保存車）

写真 3-15 ゲルリッツ台車
インドネシア国鉄の客車．堅牢そのものという感じがする．（保存車）

写真 3-16 ウイングばね式台車
枕ばねもすべてコイルバネである．京成モハ3050形．（現存しない）

ある．一般的な軸ばね式は軸箱の真上に縦方向のコイルばねを配置するもので，メーカーなどではこれを「たこ坊主」と呼んでいるようだが，特に正式な名称はない．スペースに制約を受け，柔らかいばねを入れられないのが難点である．そこで軸ばねとしては重ね板ばねを用い，その両端をコイルばねで吊るようにしてこの問題を解決したものはドイツのゲルリッツ社に端を発し，ゲルリッツ形と呼ばれている．

・ウイングばね式

　軸箱の両脇にばねを配置するので，ばねの寸法を十分とれる．ただし台車重量がやや大きくなるのが欠点といえる．

軸箱と台車枠とを隙間なしに連結するもの

　軸箱が円滑に上下動するためには，嵌合面に何らかの隙間が必要である．ところが隙間があると，車軸はレールに対して正しい直角を保持できず，水平面内でわずかながら左右のねじれを生じ，高速運転時に蛇行動が発生する．列車のスピードがあまり高くない時代はそれでもよかったが，高速を競う時代になるとこの支持機構にひと工夫が必要になってくる．

　わが国では，電車による長距離高速列車の実現を前提として，戦後間もない 1946（昭和 21）年に当時の国鉄や各車両メーカーが参加して「高速台車振動研究会」がスタートし，海外の動きなども吸収しながら研究が重ねられた．軸箱の上下変位を許容しながら，進行方向にガタがなく支持するためのさまざまな支持機構の開発もその主要テーマのひとつであった．

　国鉄におけるその成果は 1950（昭和 25）年の湘南電車，1958（昭和 33）年の「こだま」による特急列車の電車化，そして 1964（昭和 39）年の新幹線電車というように順次実現していくわけであるが，電車運転を基本とする（重い機関車が走行しない）ためもあって国鉄より軌道が貧弱だった戦後の私鉄各社も大いにこれに関心を示し，試作台車のテストなどに協力するとともに新車に対して積極的に採用し，多くの新しい台車の誕生を見た．

　では軸箱支持の新機構をグループ別に紹介してみよう．

A　軸箱と台車枠とをリンクで連結

　以下の各形式ともリンクの接続部にはゴムブッシュ等の揺動箇所がある．

写真 3–17 平行リンク式台車
ブレーキシリンダに隠れて見えないがその裏に軸ばねがある．小田急 1500 系用で住友製．

写真 3–18 モノリンク式台車
軸箱と台車枠との間を 1 枚のリンクで接続している．新京成 8900 形．

写真 3–19 ゴムパッド式台車
円筒状のゴムがバウムクーヘンのように入っている．西鉄特急用 8000 系．

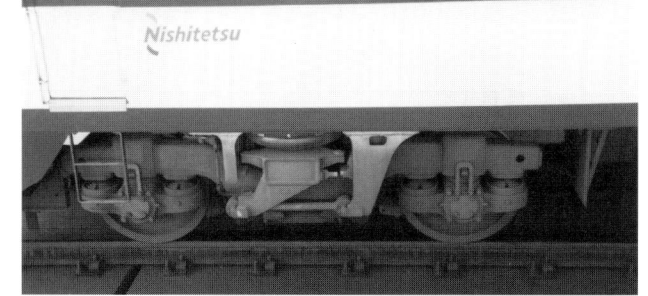

写真 3–20 ミンデン式台車
軸箱の前後を板ばねで接続している．京成 3200 形．

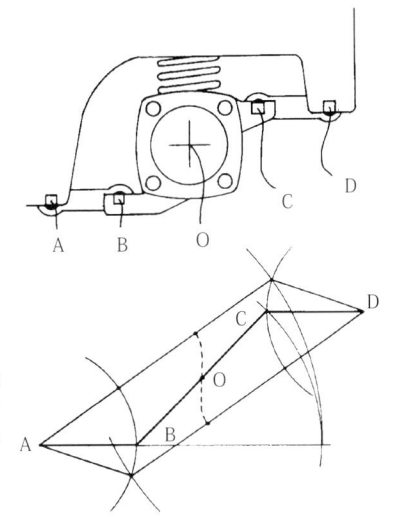

図3-3 平行リンク式の案内機構
AB, CD がリンク，BC が軸箱である．両側のリンクを上下に振って見ると軸箱は多少回転しながら昇降するが，その中点 O の軌跡は，破線で示すように両端を除いてほぼ直線である．

・平行リンク式

　軸箱の両側の点対称位置と台車枠との間に短いリンクを挿入して軸箱をほぼ垂直に変位させる．フランスの Alsthom 社が先鞭をつけたのでアルストーム式の名があるが，わが国のアルストーム式は住友金属工業㈱が独自に設計したもののようである．関東では小田急，関西では阪急の電車に多い．

・モノリンク式

　台車枠中央付近と軸箱との間に1枚のリンクを挿入して接続する．軸箱はリンクを半径とする円に従って変位する．

・軸梁式

　モノリンク式のリンクと軸箱とを一体化したもの．やはり円弧を描いて変位する．

B　案内面に縦方向のゴムを重ねて挿入

　板状のゴム（ゴムパッド）が面方向のずれに変形でき，厚み方向には硬いという性質を利用してレール方向には硬いが上下変位には追随できる支持構造とした．ゴムパッドには平板状のものと円筒状のものとがある．原則としてばねは別に設ける．

C　軸箱の両側を水平方向の板ばねで連結

　ミンデン式と呼ばれ，ドイツの Klöckner-Humboldt-Deutz 社と住友金属工業との技術提携による方式で，ゲルリッツの進化したものといえる．板ばねの端部はいずれもタイトに接続されているので摺動部分も揺

写真 3-21 S形ミンデン式台車
2枚の板ばねが軸箱の片側に上下に配置されている．京成の初代空港特急 AE-1 形．（転用されて台車は現存）

写真 3-22 シュリーレン式台車
旧国鉄の客車用台車．ウイング式に似ているがペデスタルはない．食堂車オシ 17．（保存車）

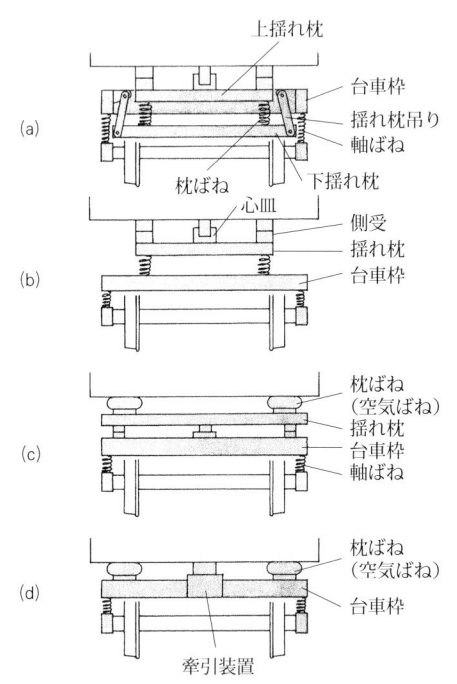

(a) 上揺れ枕／台車枠／揺れ枕吊り／軸ばね／枕ばね／下揺れ枕

(b) 心皿／側受／揺れ枕／台車枠

(c) 枕ばね（空気ばね）／揺れ枕／台車枠／軸ばね

(d) 枕ばね（空気ばね）／台車枠／牽引装置

図 3-4 揺れ枕回りの変遷

動箇所もなく、枕木方向の変位に対しては強く抵抗し、上下変位には板ばねの弾性変形で対応する．軸箱の上下変位に伴う両端の距離の変化に対して、一方の端部に縦方向の板ばねが挿入されているのが設計上の工夫である．

　この台車は私鉄各社に採用されてわが国で一世を風靡したが、板ばねが長くのびていることから台車寸法が大きくなる欠点があり、車体長が短く床下機器の収容スペースに余裕のない一般の電車ではこれが問題であった．初期の新幹線に採用されたIS式もこの仲間である．

D　軸箱の片側上下を2枚の板ばねで連結

　モノリンク式とミンデン式との折衷形で、「S形ミンデン」とも呼ばれ、わが国における発明で、改良上手といわれる日本技術陣のクリーンヒットと考えられる．

E　コイルばねの内側に円筒状の案内を設ける

　わが国では近畿車両がスイスSchlieren社と技術提携したシュリーレン式が知られている．当然近鉄の電車に多い．

揺れ枕まわりの構造

　まず古典的な台車でいえば、図3-4（a）に示すように揺れ枕が上下に2枚あり、その中間に枕ばねが配置されている．上揺れ枕は車体を支え、下揺れ枕は台車枠から揺れ枕吊り（吊りリンク、またはスウィングハンガ）に吊り下げられて上揺れ枕からの車体の重量を受けている．上下の揺れ枕が台車の内側でピンで連結されていて、上下動の代わりに開閉する構造のものもある．この揺れ枕は上下方向に変位するだけで、曲線部では台車枠と共に旋回する．また揺れ枕吊りは車両の進行方向から見てハの字形に開いており、かつ、できるだけ外側に設けるようにすることにより、揺れに対してリンクによる復元力が生じる．

　（b）のものは、揺れ枕吊りをなくし、揺れ枕を1枚にして構造を簡易化した台車で、シングルボルスタ、あるいはノースウィングハンガと呼ばれる．横方向の復元力は、枕ばねの剛性による．

　（a），（b）の形式の台車では、車体と台車との間の牽引力（制動力についても同じ）を衝撃なしに伝達するため、揺れ枕と台車枠との間にボルスタ・アンカーと呼ばれるものが取り付けられることが多い．ボルスタ・アンカーは1本の棒、あるいは棒と筒を組み合わせ、防振ゴムを介して両端をそれぞれ揺れ枕と台車枠に接続したもので、台車の両側面に

写真 3-23 揺れ枕吊り式台車
鶴見線のモハ 103 形. JR にはボルスタ・アンカーのない台車が多い.

写真 3-24 シングルボルスタ台車
元東急 5000 形で松本電鉄の 5000 形. 右側の横棒がボルスタ・アンカー.

写真 3-25 ダイレクトマウント式台車
西武クモハ 2500 形. ボルスタ・アンカーは鋼体下部に接続されている.

写真 3-26 ボルスタレス台車
西武の 6300 形. 軸箱案内は重ね板ゴム式.

水平向きに取り付けられている.

　(c) のものは枕ばねを揺れ枕と車体との間に設け，従来の心皿を揺れ枕の下面に備えたもので，通常枕ばねとしては空気ばねが用いられる．空気ばねが車体下面に直接取り付けられていることから，ダイレクトマウントとも呼ばれる．この台車では揺れ枕は上下に変位するのみで，台車枠から下だけが旋回する．したがってボルスタ・アンカーはこれまでのものと違って揺れ枕と車体との間に取り付けられる．台車の構造がよく見えなくても，構体の下部にボルスタ・アンカー受けが突き出ているから，この台車形式はすぐに識別できる．

　(d) はさらに構造の簡易化をすすめ，揺れ枕までなくしてしまったものでボルスタレス台車と呼ばれる．これは台車枠の上に直接空気ばねが載り，その上の車体を支えている．台車の旋回には空気ばねのねじれで対応する．これがこの台車の特徴で，金属ばねではできない芸当である．水平方向に変位できてかつ復元力のあるダイアフラム形の空気ばねが使用される．これまでの心皿に代わって，牽引力の伝達を兼ねた牽引装置と呼ばれるものが使用される．もはやボルスタ・アンカーは不要である．

　さて図3-4の (a) ～ (d) を比較すると，このあたりの構造を工夫することによって台車がきわめてシンプルな構造に変わってきているのがわかる．そして，空気ばねというものが単なる金属ばねの代替に止まらず，新規な構造を設計する前提条件となっていることに感心させられる．

台車枠の作られ方

　台車は一般に車両メーカーが作るが，機械メーカーが作ることもある．台車枠は時に 3×2m 近い大きさがある．この大きさのものを定盤上で組み立て，ペデスタル部などの機械加工ができればよい．古典的な台車の台車枠は，ちょっとした鉄工所なら製作可能なように，平鋼や形鋼などの圧延材を組み合わせ，リベットやボルトで接合する構造のものが多かった．図3-5に示すものはそのような古典的台車枠の構造例（現物から想像したイメージ図）で，(a) はわが国でも昔の客車や電車によく見られたイコライザ式台車の台車枠である．側枠に玉山形鋼という珍しい材料が使われているのが特徴である．写真3-27はこの台車の側枠の端部であるが，通常のみぞ形鋼と呼ばれるものが両側のフランジとも同じ形をしているのに対して一方のフランジが低く，丸い断面になって

写真 3–27 イコライザ式台車の玉山形鋼
碓氷峠鉄道文化むらのオハユニ 61 形保存客車.

写真 3–28 玉山形鋼の陽刻文字
用途を承知している筈なのになぜか上下が逆である.

ツールボックス

鉄道が準拠する法律

　かつては国鉄は日本国有鉄道法，それ以外の民鉄は公営も含め，地方鉄道法か軌道法という法律によっていた．地方鉄道とは一地域に限定して路線を有する鉄道ということで，全国規模の国鉄に対比する言葉らしいが，「富山地方鉄道」はこの法律用語を社名に取り入れている．

　軌道法でいう軌道とは原則として道路上に敷設された軌道上を運転される鉄道のことで，運輸省と，道路を管轄する建設省と両方から規制を受ける．1987 年の中曽根改革で国鉄が JR 各社に分割され，それまでの民鉄と同等の扱いを受けることとなり，日本国有鉄道法，地方鉄道法に代わって新たに「鉄道事業法」が制定され，この間にお役所も運輸省と建設省が統合されて国土交通省となったが，軌道法はそのまま残っている．大正 10 年制定で送り仮名がカタカナの古い法律である．

Tool Box

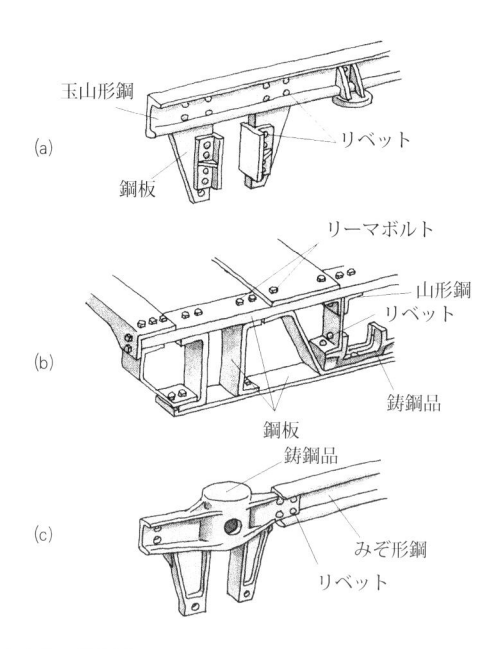

図 3-5 古典的な台車枠の構造例

いる．このフランジの低いところへイコライザが配置される．こういう形鋼があったのでこの台車が設計されたのか，この台車のためにこの形鋼が圧延されたのか，いずれが卵か鶏かはわからないがこの台車が新製されなくなった頃の昭和 10 年代にはこの形鋼の製造も中止されている．

　1999（平成 11）年 4 月に信越線横川駅に隣接してオープンした「碓氷峠鉄道文化むら」には旧国鉄，JR の車両が多数保存，展示されているが，その中にこの台車をはいた客車が 2 両ある．台車を子細に見ると，写真 3-28 に示すように玉山形鋼のウエブの部分に，製造データが浮き出ている．文字は上下が逆向き，つまり丸フランジ側を上にして書かれているが，それはともかくとして，

　　🅢 B.S. 8 × 3 1/2 SEITETSUSHO YAWATA．ヤワタ

と読める．🅢は「日」の字をデザインした丸に S を組み合わせた旧日本製鉄のマーク，B.S. は残念ながら不明，8 × 3 1/2 はウエブとフランジの長さ（インチ），ヤワタはいうまでもなく北九州の八幡製鉄所である．

　静態の保存車両というと，どうせ動かないのだからとばかりに上からペンキを塗りたくったものが多いなかで，ここでは丁寧に塗装をはがし，

3 章　台車物語

写真 3-29 側梁一体鋳造台車
中央に6個ずつ見える孔のところで中梁とリーマボルトで連結している．碓氷峠鉄道文化むらのマイネ40形一等寝台車．

写真 3-30 一体鋳造台車枠
路面電車用で，長崎電軌1500形のもの．浦上車庫で．

写真 3-31 プレス鋼板製台車枠
全体に写真3-23のものと似ている．京成3150形．

写真 3-32 鋼板組み立て溶接の台車枠
JR 231系．ボルスタレス，軸ばり式の軸箱支持構造と合わせ，直線的デザインでまとまっている．

下地を出してからきちんと塗りなおしてあるわけで，保存の姿勢として立派である．

（b）はボールドウイン形のイコライザ式台車の台車枠である．特殊な材料を使わない代わりに，図3-5（a）のものに比べやや重いようだ．各地に保存されている車両などで現物を見ることができるが，よく見ると組み立てボルトはほとんどが頭を上にしている．通常，ボルトは頭を下にし，ナットの方を回して締めつけるものであるが，台車枠の場合，おそらくこれは普通のボルトではなく，いわゆる「リーマボルト」だと思われる．リーマボルトは，接合する板を重ねた後に下孔に対してリーマ加工を行い，食い違いがなく，かつ径の正確な通し孔を形成してから，この径にぴったり合ったリーマボルトを打ち込んでナットで固定するものである．通し孔にはまる部分は円柱状で，ねじは切られていない．通常のボルトは剪断力には耐えられないが，このボルトは引張り力と，円筒部分による剪断力の両方に耐えることができる．

（c）は昭和のはじめに登場した軸ばね式台車の台車枠で，ペデスタルと軸ばねを収める部分が一体に鋳造されており，軸毎のこの鋳物（鋳鋼品）をみぞ形鋼でつなぎ，リベットで接合している．鋳鋼部分の上部を飛び出させて（たこ坊主の名の由来か？）できるだけ柔らかい軸ばねを使用するようにしているが，それでもばねがやや固いのがこの台車の欠点である．

さて，戦後の昭和20年代末頃，鋳鋼製の台車枠が登場した．それも片側ずつの鋳造品をリーマボルトで中梁につないで箱形に組んだものから，両側の側梁とこれをつなぐ中央の横梁をH形に一体で鋳造したものまである．一体鋳造ならば剛性が高く将来変形が生じることもない．しかし，あまりにも重量が大きくなって軽量化に逆行していたため，一体鋳造は路面電車用などの小型台車を除いてあまり普及しなかった．

最近の台車枠はプレス加工した鋼板や鋳鋼部品を組み合わせた溶接構造が主流である．溶接構造には上下面の中央で接合する「もなか合わせ」や，4面をコーナーで溶接する組み立て構造など設計やメーカーの伝統によっていろいろなやり方がある．なお溶接の台車枠は，箱形断面の密閉構造とすることによって内部を空気ばねの補助空気溜として使用できる利点がある．

近頃「台車枠の亀裂」が発見されて新聞をにぎわせている．亀裂は主として溶接部分である．台車枠ができるだけ直線に近い単純な形状で，

写真 3-33 台車枠の磁気探傷
磁界中で鉄粉をかけ，紫外線を当てて入念に観察する．溶接部分を中心にあらかじめ塗装を剥がしてある．新京成くぬぎ山車両基地．

写真 3-34 馬車の担いばね
一対の重ね板ばねを楕円形に組み合わせてある．
(ロンドン交通博物館)

写真 3-35 軸ばねと枕ばね
軸ばねにコイルばね，枕ばねに板ばねを使用した典型的な古典台車．(長崎電軌)

溶接箇所が少ないものの方が応力集中が少なく，疲労にも強いと考えられる．

最近の台車は，全体の構成が単純で見た目もシンプルなものを指向している点において共通している．

3　台車のばね系

台車の性能とばね

この章の始めに見たように，台車の基本的な役目は第1に車体を支えること，第2に曲線を通過させることであるが，この2つの機能はどのような台車であってもそれなりに備えているものと思われる．したがって台車の評価というものは第3の役目である走行性能，つまり乗り心地の良否によって大きく差が生じると考えてよい．

台車は車軸と台車枠との中間に存在する軸ばね，台車枠と車体との中間に存在する枕ばねという2つのばねからなる2段のばね系で構成されている．

まず「ばね」の種類を見ると，大きく分けて金属ばね，空気ばね，ゴムばね等があり，金属ばねには板ばね，コイルばね，トーションバーなどの種類がある．空気ばねはゴムの容器の中に空気を封入したものだが，その形状によってベローズ形（ちょうちん形），ダイアフラム形などに分けられる．ゴムばねは板ゴムを重ねて圧縮，あるいは剪断方向に固いばねとして，あるいはばねというより防振材として使用する．

金属ばね

ばねは変位を与えても塑性変形しないで元に戻る性質が大きい（弾性限界が高い）のが特徴である．弾性限界内では外力による仕事はひずみ（歪）エネルギとして一時的にばねの内部に蓄えられ，外力が除かれるとこれが徐々に吐き出される．変位がわずかで，荷重が軽い場合には木材や竹などでもばねとして使用でき，時計やからくり人形などではりん青銅などの銅合金や鯨のひげなども使用されるが，馬車などの乗物や大きな機械などには，洋の東西を問わず古来もっぱら村の鍛冶屋が火作りする鋼のばねが使用されてきた．今日のばねは通常，ばね鋼と呼ばれる高炭素鋼や含ボロン鋼をばねの形に成形した後，熱処理によりばね性能を付与して製造される．

写真3-36 枕ばねとオイルダンパ
同じものを自動車の世界ではショックアブソーバと呼んでいる.

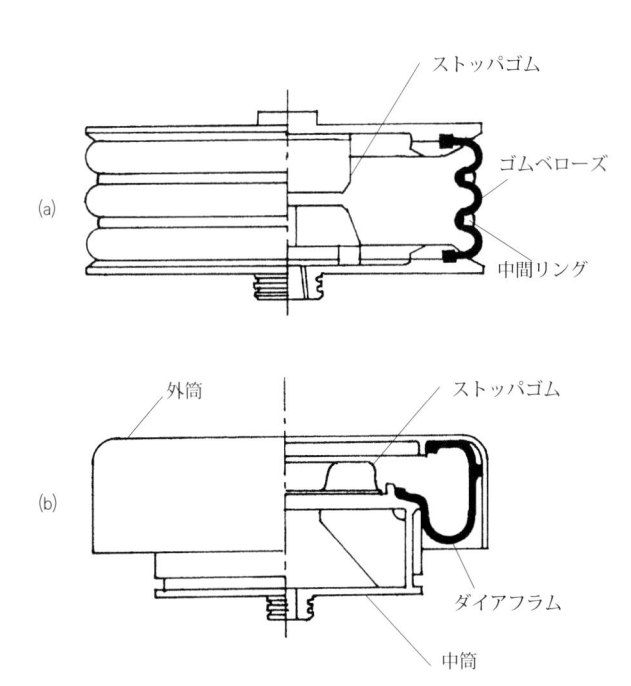

図3-6 空気ばね
(a) ベローズ形.上下方向のばね作用を主体とする.(b) ダイアフラム形.上下方向の他に水平方向の復元性も有し,ボルスタレス台車はこのタイプを使用する.

板ばね，コイルばねはそれぞれ形が異なるから，設計によって使い分けが必要である．コイルばねには元来引張りばねと圧縮ばねとがあるが，台車用として使われるのは大部分が圧縮ばねである．

　見た目から板ばねは固く，コイルばねは柔らかいという印象を受ける．しかしばねの固さは設計でどうにでもなる．板ばねの最大の特徴は重ねて使用した場合（大部分がそうなのだが，特に重ね板ばねという呼び方もある），重なった表面間の摩擦によって減衰作用が生じることである．

　台車用としては，イコライザばねを含めた軸ばねにはコイルばね，枕ばねには重ね板ばねという使い分けが主流であったが，ゲルリッツ形などのヨーロッパ系台車では軸ばねにも板ばねが多用されているし，ミンデン式の場合は軸箱部分に1枚ものの板ばねが使用されるが，これはばね作用を主目的としたものではなく軸箱の位置決め用であり，軸ばねとしては別にコイルばねが配置される．

　コイルばねの柔らかさは，素線の径，巻いた状態の円筒，すなわちコイルの径，巻き数などで決まる．台車用としては通常外側から見えるコイルの内側に細く巻いた別のコイルを入れて多重ばねとしている場合が多い．枕ばねを含むすべてのばねをコイルばねとするオールコイルばね台車というのはいかにも柔らかくて乗り心地がよさそうであるが，車体が大きくバウンドするおそれがあり，タブーとされてきた．しかしコイルばねに並列して使用するオイルダンパという減衰装置が登場して，この問題は解決した．

　オイルダンパは油を封入したシリンダであり，ピストンに小さな孔が設けられていてここを通って油が流れることにより，変位に対する抵抗が生じる．油孔に逆止弁を取り付けることによって片効き（例えばばねが圧縮されるときだけダンパが作用する），両効き（圧縮，引張りいずれにも作用する）などの使い分けが自由にできる．

　トーションバーはその名のとおり「ねじり棒」であり，コイルばねを直線状に伸ばしたものに相当する．これをメインに使用した台車はあまり成功しておらず，目立たない部分に補助的に使用される程度に止まっている．

空気ばね

　空気ばねは鉄道よりもバスに先に採用されたようである．しかし鉄道車両は元来ブレーキ用として圧縮空気を持っているので，採用は容易で

写真 3-37 わが国初の空気ばね台車
京阪の特急車に取り付けて 1973 年まで使用された．現在は寝屋川車両工場に保管，展示されている．

写真 3-38 レベリングバルブ
ダイレクトマウント式台車で，空気ばねの真下にある角形の部材が揺れ枕である．車体との間に高さ合わせの目印がある．

ツールボックス

鉄道業界における企業統廃合

　運輸業界における最近の流行は「第三セクター化」であろう．赤字路線が廃止を免れるために自治体などの資本参加を仰いで新会社を作るのである．「えちぜん鉄道」などがこれにあたる．また，新幹線が開業すると JR の在来線は廃止される決まりだから，各地で「IGR いわて銀河鉄道」や「肥薩おれんじ鉄道」などのいただけない名称の三セク鉄道が誕生している．

　一方，車両製造業界では，老舗と呼ばれた中小の撤退が目立ち．大手（西から，日立製作所，川崎重工，近畿車両，日本車両，東急車両の 5 社）への統合が進んでいる．台車のところで名前の出た「汽車会社」は川崎重工に吸収され，「帝国車両」は東急車両に合併された．気動車メーカーの富士重工は撤退，同じく新潟鉄工は石川島播磨の資本が入って「新潟トランシス」に変わっている．「アルナ工機（旧ナニワ工機）」から分社化された「アルナ車両」は普通鉄道用車両から撤退し，路面電車専門メーカーとなって低床車の売り込みに注力している．こうした中で 1994（平成 6）年 JR 東日本が通勤形車両の自社製造を目指し「新津車両製作所」を社内に立ち上げたことの意味は大きい．

Tool Box

あったといえる．鉄道車両用空気ばねは1956（昭和31）年に汽車製造㈱（通称：汽車会社）が京阪電気鉄道向けに製作したKS-50形試作台車が最初といわれているが，この台車では軸ばねに採用された．しかも軸箱の両側にばねのあるウイングタイプであったから，1台車あたり8個の空気ばねが取り付けられている．なお写真3-37では空気ばねの上方にも同じような黒いゴムのちょうちんが見えるが，これは空気ばねではなくダストシールである．

　現在では空気ばねは枕ばねに使用するのが普通である．そしてこの空気ばねによってダイレクトマウント，あるいはボルスタレス台車など，台車の構造を簡略化し，コスト削減と軽量化を達成していることはすでに記したとおりである．

　わが国でまだ空気ばねがパンクした事故例はないそうだが，一応パンクに備えて空気ばねの内部にはパンクした場合に荷重を受けるストッパゴムが挿入されている．かつて碓氷峠の急勾配を補助機関車をつけて電車や気動車が上下していたころ，台車部分で列車が座屈しないように安全のため空気ばね車についてはこの区間だけ空気を抜くことが行われていた．横川，あるいは軽井沢の駅を出た途端にゴツゴツと乗り心地が悪くなったのに気づいた方も多かっただろう．空気ばねは，レベリングバルブ（自動高さ調整弁）というものを使用し，車両高さを検出して空気を出し入れすることによりばね高さを一定に保つことができる．これは金属ばねには真似のできない芸当である．空気ばね台車は，その側面に基準高さを合わせるマークがついている．走行中は高さが常時変動するから，高さを調節するのは車両が停車しているときであり，戸閉め回路と連動させて車両のドアが開いているときに空気の調節を行うものもある．特急待ちなどで長く停車しているときに，ピューピューと空気が出入りする音が周期的にしているのは，これである．

　空気ばねの固さは，空気の圧力と内部の容積で決まる．このため空気ばね台車では揺れ枕や台車枠の一部を補助空気室とすることによって空気ばね本体よりも有効容積を大きくして，ばねを柔らかくしているのが普通である．また，ばね本体の部分と補助空気室との中間に絞り弁を取り付ければ，オイルダンパを設けたのと同じ減衰効果を得ることができる．また，左右の空気ばねを配管で連結して中間にバルブを設ければ，左右のばねを連動させることも，また独立させることもできる．

写真 3-39 軸ばねなしの台車
ダイヤモンドトラックと呼ばれる貨車用台車．軸箱は台車枠に直接取り付けられている．

写真 3-40 枕ばねなしの台車
国鉄形式で DT-19 と呼ばれる．キハ 10 系は一時全国の非電化区間に見られた気動車だが，現在は茨城交通に 3 両が残っているだけである．

―― ツールボックス ――

記号と車種

　車両の番号の前に「モハ」などの片仮名がついているのは車両の種類を示す符牒で，「記号」という．旧・国鉄の場合，動力の有無や運転台の有無，車内サービス施設のランクや種類などで記号が決められている．私鉄は国鉄に右にならえの会社が多いが，別に独自に定めてもよい．例えば伊勢鉄道の気動車はキハと言わずに「イセ 1 形」などと称している．

　国鉄流では「モハ」は「運転台のない 3 等電動客車」を意味し，運転台付きは「クモハ」となるが，私鉄ではクモハとモハとを区別しないところが多い．「モ」はモータから来ているのだが，私鉄では「デハ」としているところもあり，また 3 等車ばかりだから「ハ」を省略して「モ」のみをつける会社もある．JR 東日本で最近の電車に E をつけているのは「東日本」を意識してのものらしい．

　余談になるが，日本の鉄道は表向き「モノクラス」になったとされているが，グリーン車などは実質的にかつての 2 等車であり，総武・横須賀線のグリーン車など，記号を見れば「サロ」である．イロハのロ，つまり依然として 2 等車なのである．

Tool Box

軸ばねと枕ばねとの分担

ばねの剛性は，車両あたり何トンの荷重がかかったときに何ミリたわむかという数値（mm/t/car）で表すのが普通である．板ばねの枕ばねではこの値が 2.0 程度だが，大径のコイルばねにすると 3.0 程度になる．さらに空気ばねでは 5.0 〜 8.2 というきわめて柔らかいばねが実現する．車両トータルでのばね剛性は枕ばねのばね剛性と軸ばねのそれを加えたものになる．軸ばねは通常のコイルばねで 1.3 〜 2.5 程度である．

軸ばねと枕ばねのいずれを固くし，柔らかくするかというのも台車の設計思想による．極端な場合，軸ばねがなく軸箱が台車枠に固定されている台車がある．貨車用の台車によく見られるが，客車用としても軸ばねとしては軸箱に板ゴムを巻いただけの固定に近い構造とし，その代わり枕ばねを空気ばねにしてうんと柔らかくする．こうすれば台車の構造はきわめて簡単になり軽量化にもつながる．アメリカで開発されたパイオニア台車をはじめわが国でもエコノミカル台車としてひところ注目されたが，いろいろ問題がある．

ばねを介さずに直接レールに作用する荷重，つまり軸ばねより下にある輪軸などの重量を「ばね下重量」という．ばね下重量はレールの継ぎ目などで緩衝作用なしにレールと衝突するから，これが大きいと軌道系を破壊し，乗り心地も悪い．ところが軸ばねを固くすると，実質的に台車枠全体がばね下重量となってしまう．これが第 1 の問題点である．

第 2 に，1 つの台車の 4 つの車輪が載るレール表面が幾何学的に一平面でないときでも，軸ばねが作用していればそれぞれの車輪が相当の荷重を分担しながらレールに接触するが，軸ばねがないと 1 個だけ車輪が浮いてしまう可能性が生じる．2000（平成 12）年 3 月の地下鉄日比谷線の「乗り上がり脱線」事故で問題になった「輪重抜け」と呼ばれる現象である．

一方，枕ばねをほとんどなくしてばね作用を軸ばねだけに任せた例として，旧国鉄キハ 10 系気動車の台車を挙げることができる．枕ばねの固い分だけ軸ばねをうんと柔らかくしてあればトータルでは良さそうなものだが，次項で触れるようにブレーキ力が強く作用すると台車枠で車輪を抱え込む形となって軸ばねがほとんど効かないのである．したがってブレーキの作用しているとき，この台車は全くばねなし状態になってしまうという欠点がわかり，やはり失敗例であったといわれている．キハ 10 系気動車は現在全国にほとんど残っていないが，この流れをつぐ

写真 3-41 抱き締め式に改造された例
新製時は片押し式だったが，列車速度の向上により端梁を追加してクラスプ式に改造された．
（京成100形，現存しない．台車は住友製）

写真 3-42 床下のブレーキシリンダ(矢印)
ハンドブレーキ用の鎖が接続されている．東急保存車モハ510号．

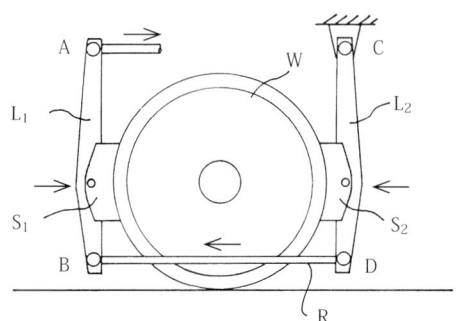

図 3-7 抱き締め式ブレーキの概念図

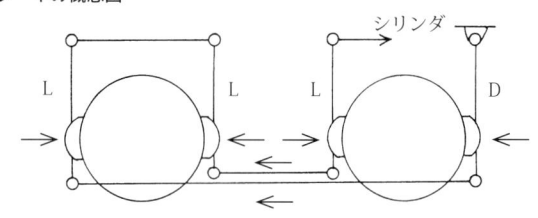

図 3-8 台車のブレーキワークの一例
1台車の片側分を示す．レバーは左からLLLDの配置である．

台車もその後現れていない．

4　台車のブレーキ装置

基礎ブレーキ

　今日では省エネルギーの観点から電気ブレーキの割合が増大してはいるものの，鉄道車両のブレーキといえばやはり空気ブレーキが基本である．空気ブレーキは床下の空気圧縮機や空気溜，運転手が操作する操作弁，これに応じて床下で作動する動作弁，配管，空気シリンダなどからなる列車の1編成全体を単位とする大システムであるが，このうち直接車輪などに作用する末端の部分を「基礎ブレーキ」と呼んでおり，これは通常台車に装備される．つまり台車はブレーキ力の発現の場でもある．

　基礎ブレーキのうちもっとも基本的なものは「踏面ブレーキ」といって，車輪の踏面にブレーキシューを押しつけて回転を止めるものである．この他に車輪とは別に設けたブレーキディスクを締めつけるディスクブレーキ，車輪を経由しないレールブレーキなどもあり，さらに発電ブレーキ，回生ブレーキなどの電気ブレーキは駆動系統がそのままブレーキとなるので見かけ上ブレーキ要素がない．

踏面ブレーキ

　踏面ブレーキには，車輪の片側にブレーキシューを押しつける片押し（シングル）ブレーキと，車輪の両側から締めつける抱き締め（クラスプ）ブレーキの2種類がある．

　実際の台車に組み込まれているブレーキは一見やや複雑なので，まず図3-7で1つの車輪に対する抱き締めブレーキの基本概念をご理解いただこう．車輪Wの両外側にL_1, L_2の2つのレバーが縦向きに配置されており，それぞれのレバーL_1, L_2の内側に車輪に向けてブレーキシューS_1, S_2が取り付けられている．レバーL_1の上下端A,Bと，レバーL_2の上下端C,Dとはピン結合で自由に回転できる．レバーL_1, L_2の下端B,Dはロッド R で連結されている．レバーL_2の上端 C は台車枠等に固定されているが，レバーL_1の上端 A は一応フリーで，ここが実はブレーキシリンダに連結されている．

　そこでブレーキが作動してA点が右側に引かれると，左側のブレーキシューS_1が車輪Wに押しつけられるのと同時に，S_1を支点にして

写真3-43 片側1個のブレーキシリンダ
台車装架の初期のもので，台車は住友のゲルリッツ形．（東武のロマンスカー5700系）

写真3-44 片側2個のブレーキシリンダ
車輪1個ずつを受け持つのでブレーキ機構も簡単になる．小田急1000系．

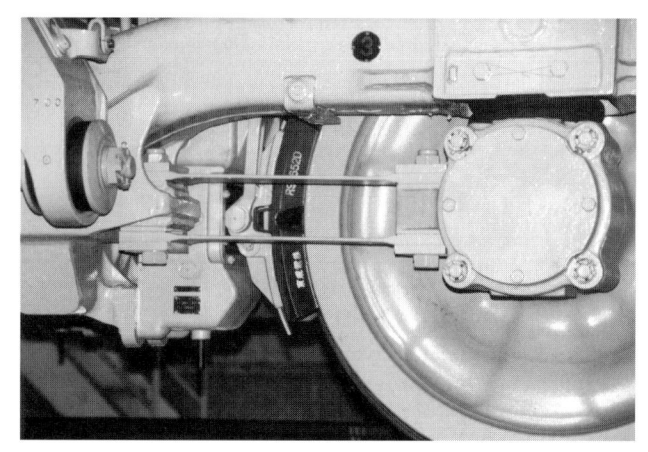

写真3-45 ユニットブレーキ
S形ミンデン台車の板ばねの裏に見えるのがブレーキシューとユニットブレーキ．京成3500系更新車．

B点が左に引かれるから,これに連結されているD点も左に引かれ,Cを支点にして右側のブレーキシューS_2も車輪Wに押しつけられる.A点の移動ストロークが十分あり,かつロッドRの長さがちょうどよく調整されていることが前提ではあるが,両側のブレーキシューS_1,S_2の押しつけ力は互いに相手の押しつけ力を反力としながら均等になるという,巧妙な機構である.

反面,片側のブレーキシューが脱落していたり,どこか1ヵ所のピンが抜けていたりすると,両側ともにブレーキ力が発生しないという危険もある.

自分のブレーキシューを押すだけでなく相手のレバーも引くという左側のレバーL_1を live lever（L）,他のライブレバーから引かれて自分のブレーキシューを押すだけという右側のレバーL_2を dead lever（D）と呼んで区別することがある.

積雪地方では,車輪踏面への雪付着防止のため,軽くブレーキをかけながら走行することが行われている.逆に踏面ブレーキを使用しない車両においては,踏面クリーナという小型のブレーキシューのようなものを備える場合がある.

ブレーキシリンダの位置

最近の車両ではブレーキシリンダは台車に取り付けられているが,以前はブレーキシリンダは車両の床下にあり,ここから前後の台車に長いロッドが伸びていた.そして前後の台車間で反力を作用させて均等にブレーキ力を発生させる仕組みであったから,片側のブレーキロッドが折損すると前後いずれの台車にもブレーキが作用しなくなる.2000（平成12）年12月に福井の京福電鉄で発生した電車衝突事故における暴走電車の状況は,このようなことであったらしい.

台車に取り付けられるブレーキシリンダの数は,台車に対して1個,あるいは片側毎に1個（台車全体で2個）,あるいはまた車輪ごとに1個（台車全体で4個）などさまざまである.

かつては制動力確保のため,高速走行する車両については抱き締め式とするように指導されていたというが,最近の車両は必ずしもすべて抱き締め式ではない.第1に電気ブレーキの普及で空気ブレーキが補助的に使用されること,またブレーキシューの材質が鋳鉄から樹脂などの合成品に代わって摩擦係数が高くなり,片押しでも十分な制動力が得られ

写真 3-46 ディスクブレーキ
モータのない台車なのでディスクは車輪の内側に配置されている．東急クハ 9100 形用ボルスタレス台車．長津田工場．

写真 3-47 ディスクブレーキ
こちらは電動車なのでディスクは台車の外側にある．相鉄 6300 系．

写真 3-48 省エネ電車の PR ステッカー
209 系の消費電力は 1963 年生まれの 103 系の 47%という．

るようになったことも原因として挙げられる．片押しの方が台車回りがすっきりして保守がやりやすい．さらに最近では「ユニットブレーキ」と称してブレーキシリンダからシューまでをユニット化したものが出現し，台車にただこれを取り付ければよいということになったので空気ブレーキは一層簡素な機構となった．

ディスクブレーキ

　車輪踏面をブレーキに利用することは踏面摩耗を促進させるなどの問題点がある．また昔輪心とタイヤが別物だった時代には，長い連続下り勾配でブレーキをかけているとタイヤが過熱して焼き嵌めがゆるみ，外れるという事故もあった．

　そこで踏面以外の部分で制動力を作用させようとして考えられたのがディスクブレーキである．車輪とは別に車軸に取り付けられたブレーキディスクをブレーキシューではさんで締めつける．踏面の場合と違い，ディスク表面に自由な材質のライニングを貼ることができる利点もある．ただし，ブレーキ機構はやや複雑になる．

　ブレーキディスクの位置は，車輪の外側，車輪の内側，車輪そのものの側面など，電動車か非電動車かの区別，路線の軌間や車体の幅などにも関係して，余裕のある場所が選ばれる．

　電車の場合，発電ブレーキのない非電動車にディスクブレーキを設ける例が多い．

電気ブレーキ

　電気ブレーキは，車輪を駆動している電動機を回路を切り換えて逆に発電機として仕事をさせるものである．ブレーキ力は回転数に比例するので，高速域ほどブレーキが強く作用する．一方停止寸前にはほとんどブレーキ力が発生しないから，ある速度までは電気ブレーキを使用し，最終的には空気ブレーキによって停車させるというのがこれまでの使い分けであったが，千葉県の新京成電鉄では最終まで電気ブレーキのみで停車させる技術開発を行い，現在これを実用化している．空気ブレーキは電動機のない車両のみで使用する．

　電気ブレーキによって発生する電気エネルギーは，貯蔵ができず，発生した瞬間に使用する他の列車がいる確率の低い閑散路線などでは有効に機能しないおそれがあり，以前は抵抗器に流して熱として放散させて

写真3-49　電磁吸着ブレーキ（矢印）
板状の電磁石が直接レールに吸いつく．碓氷峠鉄道文化むらのEF63 1号電機．

写真3-50　PCCカーのレールブレーキ
高加速・高減速もPCCカーの特徴のひとつ．これはフィラデルフィアの市電だが，どのPCCカーも設計はほとんど同じ．

― ツールボックス ―

企業名と略称

　企業の正式な名称というものは，意外にややこしい．「東急」は略称で会社の正式名は「東京急行電鉄株式会社」である．ところが「伊豆急」は正式にも「伊豆急行株式会社」で「電鉄」がつかない．京阪や阪神は「電気鉄道」が正しく，電鉄は略称ということになる．また，「鉄」の字は金を失うとかいって嫌い，わざわざ「鐵」の字を使用する会社がある．

　車両メーカーの場合も複雑だ．川崎重工業㈱を例にとると，日常会話では「川重」と略称するが，車両に取り付けられているメーカーのプレートには「川崎重工業」ではなく「川崎重工」と書かれている．

　本書では主として略称を使用しているので，申し訳のため，巻末の「索引」に正式名称と思われるものを〔　〕で示したが，100％正しいという自信はない．

　英文社名にも時に仕掛けがある．三井住友銀行が英文では三井と住友を逆にしているのはよく知られているが，鉄道でも「JR東海」の英文社名は何と「Central Japan Railway Co.」であり，外国人が首都圏の鉄道会社と勘違いしかねない．

Tool Box

いた．技術が進み，かつ都会の電車路線では常時多数の電車が走っているので，現在では電流のまま架線に戻し，他の列車が利用するという「回生制動」が一般的となっている．JRの209系などの電車内に「この電車は，従来の半分以下の電力で走っています」というステッカーが見られるが，その功績の筆頭はこの回生制動であり，残りが速度制御方式の違いや車両の軽量化などである．

レールブレーキ

　車輪を経由せずに直接台車からレールに作用するブレーキで，勾配線区での非常用などに装備される例が多い．PCCカーと呼ばれる1930年代にアメリカで生まれた規格型路面電車は，発電ブレーキとともにこれを常用する珍しい例である．わが国では旧碓氷峠の後押し機関車で知られたEF63などにこれが備えられていたし，80‰の勾配路線で有名な箱根登山鉄道の電車や，50‰の勾配のある神戸電鉄の電気機関車などにもある．変わったところでは今はないが旧国鉄の渋川駅前から伊香保温泉に向かうかわいい電車には，空気ブレーキもないのにちゃんとレールブレーキがあった．この電車は山から下る渋川行きはポールを下げてほとんどブレーキだけで走ると言われていた．

　レールブレーキのシューには，安価な木材から硬いことで知られるカーボランダム（SiC）までさまざまな材料が使用される．

　ちょっと話は違うが，ケーブルカーではロープが切れたりして車両が巻き上げ機から離れると，自動的にレールをつかんで停止するエレベータと同様の非常ブレーキが備えられている．

5　台車の駆動装置

動力車の動力

　機関車や電車・気動車のように自身で動力を持ち，走行できる車両を動力車と呼ぶ．動力にはモータの他，蒸気機関，内燃機関などがある．蒸気機関や内燃機関は図体が大きく，到底台車の中には納まらないが，モータだけは台車に組み込むことができる．つまり出力当たりの大きさが小さいという点で電気式のモータはきわめてすぐれていることがわかる．

　ちなみに気動車は，一見，電車と同じようなスタイルをしているが，

写真 3-51 釣り掛け式駆動装置
東京神田の交通博物館に展示されていた京都電気鉄道(京都市電),4輪単車用台車のもの.1両に25馬力のモータが1個だけ.

写真 3-52 直流の主電動機
電車用モータといえばかつては直流モータが常識だった.これは東急8600形用で130kW,カルダン方式.ブラシ部分のカバーが開いている.東急長津田工場.

写真 3-53 交流の主電動機
VVVF制御の電車は三相交流誘導電動機を使用する.これは東急9400形用で170kW.カルダン継手のヨークが見える.同じく長津田工場.

エンジンを床下に取り付け，自動車と同じようにプロペラシャフトで動力を車軸に伝達している．エンジンが大きいため1両あたり2基取り付けることは床下スペースからいって困難なので，1基のエンジンから片側の台車だけを駆動している場合が多い．

釣り掛け式駆動方式

　電気鉄道の初期に，諸外国ではさまざまな駆動方式が試行錯誤されたようだが，わが国に関していえば1890（明治23）年に上野のお山に登場した最初の電車以来，昭和20年代の終わり頃まで，「釣り掛け式」と呼ばれる駆動方式が一般的であった．しかし「釣り掛け式」電車も今では大都市圏などの高速電車ではめったにお目にかかることができない古典的な存在となっている．

　これまで説明してきたように，台車において車軸は台車枠に対して上下方向に相対変位できる．モータ（主電動機）を台車枠に取り付けた場合，車軸の変位によって歯車がかみ合わなくなったりせず，同じかみ合い状態を維持したままで車軸が上下動してくれないと困る．そこで考えられたのがこの釣り掛け式で，モータの両側面において，片側をすべり軸受を介して車軸に支持させ，残る片側を申し訳程度のばねを介して台車枠に支持させる方式である．図3-9に見るように，車軸が上下に変位してもモータと車軸との距離は常に一定であり，矢印で示したとおり，車軸を中心としてノーズの部分が円運動するのである．したがって回転力の伝達には支障がないが，モータの重量の約1/2が直接車軸にかかるのが問題である．これは前にも触れたように台車のばねを介さない「ばね下重量」として直接レールに作用するだけでなく，モータ自身にもレールからの衝撃がかかるため，高速回転する上等のモータが使用できない．

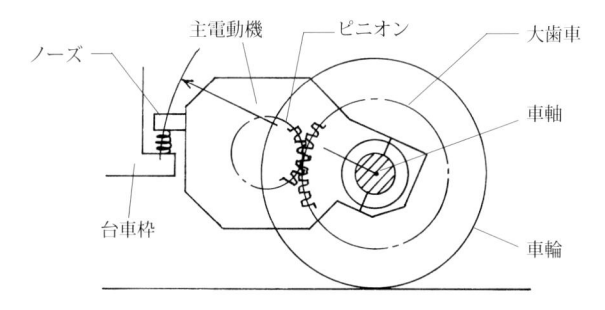

図3-9　釣り掛け式駆動装置

写真 3-54　減速歯車と輪軸
2番目の車軸の手前にWN継手が見える．新京成くぬぎ山車両基地．

写真 3-55　組み立て状態の電動台車
東急9400形用で台車は東急車輛製のボルスタレス台車．長津田工場．

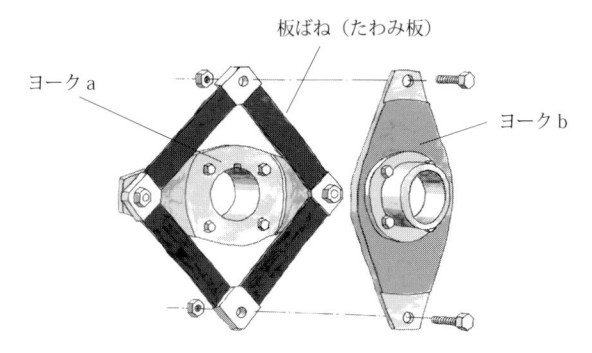

図 3-10　カルダン継手（イメージ）
正方形の枠の部分がたわみ部材（板ばね）である．

釣り掛け式の場合，モータ軸と車軸とは一般に1段の減速で，歯車比は例えば53/22 = 2.41とか59/21 = 2.81という数値が選ばれる．

カルダン式駆動方式

モータをがっちりと台車枠に固定してモータの全重量を「ばね上」とし，モータと車軸との中間に自在継手を入れて相対変位を吸収しようというのが，わが国では1953（昭和28）年に登場したカルダン式などの新しい駆動方式である．これを採用した電車を当時「高性能車」とか「新性能車」と呼んだ．

国鉄は戦後いち早く高速台車研究会を発足させて近代台車の研究に着手していたけれども，実際の採用では私鉄に大きく遅れをとり，国鉄にモハ90形電車（のちの101系）が登場したのは大手私鉄や地下鉄ですでに新車では高性能車が当たり前になっていた1957（昭和32）年のことだった．

わが国で採用された高性能車の駆動方式には大別してカルダン式とWNドライブの2種がある．前者が自在継手としてフック形継手の仲間である「カルダン（Cardan）継手」（図3-10）を使用するのに対して，後者はギヤカップリングを使用する．自在継手は，入力軸と出力軸とが多少折れ曲がったり平行にずれたりしても回転力を伝達できる軸継手の総称で，入力軸と出力軸とが等速度で回転する等速継手と，回転数は同じだが1回転内に速度のずれがある不等速継手の2種がある．ギヤカップリングは前者であり，カルダン継手は後者に属する．不等速継手の場合は，中間軸を使用してその両端に継手を配置し，不等速分を打ち消す必要がある．

わが国の東洋電機製造㈱が実用化したので「TDカルダン」とも呼ばれる「中空軸式平行カルダン」は，中空軸モータを従来の釣り掛け式と同様に車軸と平行に配置し，中間軸を中空軸の中に通すという工夫をしてモータの両側にカルダン継手を配置する方式である．この他，モータを車軸と直角方向に配置し，中間軸を介して遠い方の車軸を傘歯車で駆動するようにした「直角カルダン」もある．

一方，ギヤカップリングを使用した駆動方式を，開発したWestinghouse社とNuttal社の頭文字をとって「WNドライブ」と呼び，わが国では三菱電機㈱が技術導入している．ギヤカップリングは前記したように等速継手で，厳密にはカルダン継手の範疇に入るものではない

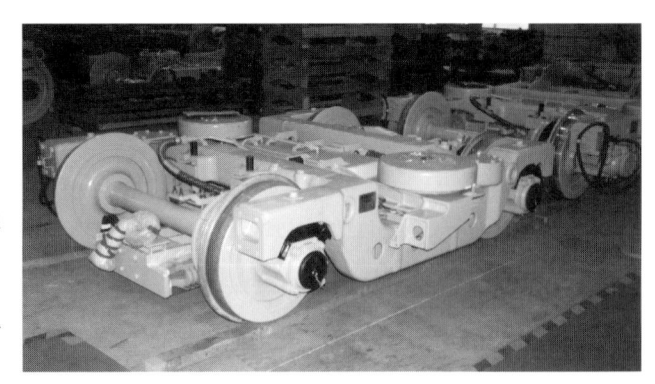

写真 3-56　リニアモータ台車
神戸市地下鉄海岸線用．リニアモータとリアクションプレートとの距離の変動を少なくするため，軸ばねはゴムを使用している．

写真 3-57　車両床面の点検蓋
主電動機の真上にあり，これを開いてブラシの交換ができる．しかし交流モータ車の登場で，この蓋は旧型電車のシンボルとなってしまった．

―― ツールボックス ――

車両の総数

　わが国に現在いったいどれほどの鉄道車両が存在するだろうか．2002年度末の，保存車両などを除いた現役の車両としては，JRグループが37,000両，私鉄が27,000両で，JRグループではこのうち普通電車が18,000両，新幹線電車が4,000両を占め，合わせて60％，私鉄では普通電車が24,000両，路面電車や新交通，モノレールなどが合計2,000両で，合わせて全体の94％を占める．JRグループには貨車が10,000両含まれており，これを無視してはいけないのだが，あえて無視すれば，JRグループでも83％が電車である．はしがきで「現在のわが国においては鉄道車両は事実上電車である」と言ったことがご理解頂けたことと思う．

Tool Box

が，わが国の鉄道業界ではWNドライブを含めて釣り掛け方式以外の新しい駆動方式をすべてカルダン方式と呼ぶ場合が多い．

　これら新性能車では，モータの取り付け方式だけでなく駆動歯車もころがり軸受で支持されて密閉のケーシングに入り，潤滑状態も向上したし，1段減速だが高速回転のモータを採用して歯車比も5.28～6.0と高くしたからモータは小型になり，車両の軽量化にも寄与する結果となった．車両のスピードが同じとすれば車軸の回転数が同じで，歯車比に逆比例してモータの回転数がおよそ2倍になったから，音響学的に言えば回転音が1オクターブ高くなり，高性能車は走行音からして近代的であった．

リニアモータ台車

　台車に装架するモータのうちで特異なのはリニアモータである．磁気浮上方式ではなく，あくまで従来と同じレールで走行するレールリニアと呼ばれるものは大阪（長堀鶴見緑地線），東京（大江戸線），神戸（海岸線，2001年7月開業），福岡（七隈線）など各地の地下鉄にお目見えしている．リニアモータは円筒形のモータを直線状に切り開いたものだ，という説明がよくなされるが，より正確に言えば「かご形交流誘導モータ」を直線状にしたものであり，かつ回転子である「かご」はリアクションプレートとなって地上に設置されるから，車両に搭載されるのはモータの片割れである．しかし回転モータと違って歯車による減速ができないから，リニアモータはかなり寸法が大きく，それがやや特殊な台車に取り付けられるわけである．詳しいことはわからないが，リニアモータとリアクションプレートとの距離が走行中でもあまり変化しては困るので，軸ばねを固くして「ばね下」装備に近い構造とせざるをえないだろう．

台車に対するモータの数

　2軸ボギー台車の場合，一般に車軸毎にモータが配置されるから1台車当たりモータは2個である．大きめのモータを1個取り付ける場合は，歯車等で2本の車軸に動力を分配し，2軸とも動力軸とすることもできる．パワーの要らない小型の路面電車などでは，経済性を重視して1個モータ1軸駆動とすることもある．

　1台の台車に取り付けられている2台のモータは永久直列で，例え

写真3-58 車輪旋盤
国鉄時代の北海道，苗穂工場で．チャックが大きいのは蒸気機関車の動輪を削るためであろう．（1958年撮影）

写真3-59 車輪切削装置
輪軸をセットして両側の踏面を同時に切削する．東急長津田工場．

写真3-60 新しい車輪切削装置
車両をこの位置に停車させ，輪軸を取り外すことなく切削する．新京成くぬぎ山車両基地．

ば架線電圧が 1500 V ならばモータの端子電圧は 750 V である．最近の車両では 2 両の電動車を 1 ユニットとして合計 8 個のモータを 1 台の制御器でまとめて制御する方式が一般的である．この場合，モータは 4 個ずつ永久直列になっており，4 個ずつの 2 群を直列・並列に切り換えて速度制御する．台車の話からやや逸れるが，大出力モータの小型化や，VVVF 制御の実用化によるきめ細かい速度制御が可能となった結果，編成中の電動車の比率をかなり下げても運転が可能となった．例えば JR 京浜東北線の 209 系や中央・総武線の E231 系などの新しい電車は，パンタグラフが 2 つしか上がっていないことからもわかるように 10 両編成中に電動車は 2 ユニット 4 両だけで，これがこの電車が経済的である理由のひとつでもある．しかし高加速・高速度を要求される新幹線は例外で，700 系は 16 両編成中 12 両が電動車となっている．

　京成電鉄の 3500 系電車は建前はオール電動車であるが，実は 2 両ユニットの 4 基の台車中動力台車は 3 基のみで，残り 1 基にはモータがない．そして 3 台ずつ 2 群のモータを直並列制御している．

　ヨーロッパの TGV などはいわば両端が機関車，つまり動力車だが，わが国ではこれまで JR を始めとして先頭車をモータのない制御車とする考えが一般的だった．これには踏切事故などでの被害を少なくするという狙いもあったようである．しかし逆の考え方をする鉄道会社もあり，京浜急行では先頭車は必ずモータのついた「重心の低い車両」とする，という大原則をうたっている．1 台車当たりのモータと駆動装置の重量は 2 トン程度であるが，こうすることで，たとえ脱線しても転覆には至らないというのである．

6　その他の話題

台車のメンテナンス

　車輪は，走行に伴って外周（踏面という）やフランジが摩耗する．また，スキッド（ブレーキが強すぎて車輪が回転せずにレール上をすべる現象）やスリップ（逆に摩擦係数が不足して車輪が走行せずに空転する）によって局部摩耗が発生し，真円度が損なわれると不快な振動や騒音が生じるので，これが発見されると踏面を削って修正を行う．以前は車輪旋盤といって輪軸をそっくりくわえて切削する旋盤が車両工場には必ずあったものだが，この場合は台車から輪軸を取り出して切削加工を行わ

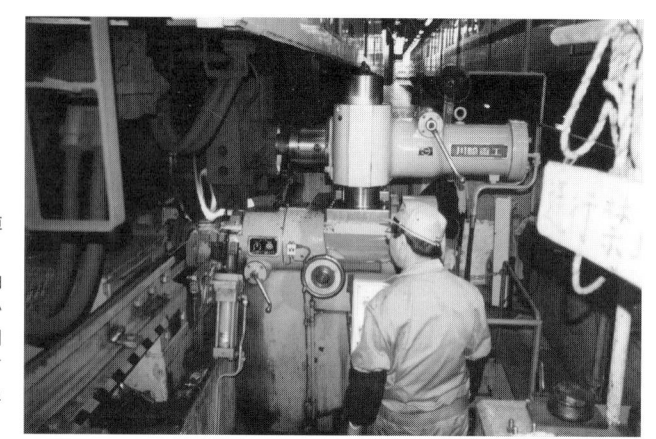

写真 3-61　新しい車輪切削装置
切削中の光景．削る軸だけをレールから浮かせ，支持ローラで回転支持しながら切削する．同じく新京成くぬぎ山車両基地．

写真 3-62　砂撒き管（矢印）
上方の砂溜めからこの管を通って動輪の前後のレールに砂が撒かれる．（交通博物館の弁慶号機関車）

写真 3-63　速度の検出部分
左側の軸受蓋に取り付けられている．中には歯車があり，歯の通過枚数をカウントする．（JR 大井工場のクモヤ 90 形電車）

なければならない．ところが最近では車庫の一画のレールに旋削装置が組み込まれていて，車両を一時停車させるだけで走行状態のまま旋削ができるので，踏面の修正が日常的に行えるようになった．同じ台車の2本の車軸については車輪の径差が所定範囲を外れないように管理基準が設けられている．また，速度やこれを積分した累積走行距離（車両の現在位置）など，車両管理の基本データの大部分は車軸の回転からとられているので，その出力軸については切削後の新しい車輪径を運転台でインプットして出力を修正する必要がある．

タイヤ付きの車輪の時代はタイヤだけが消耗品であったが，一体圧延車輪では車輪全体が消耗品であり，使用限度まで削ったら車輪を車軸から抜いて交換しなければならない．車輪の脱着は車軸に設けた油孔から $1500 \sim 1800\,\mathrm{kg/cm^2}$ もの油圧をかけ，わずかにボスの内径をふくらませて行うなど相当の設備を必要とするので，中小私鉄などは自社では行わず，外注する場合も多い．

消耗品であるブレーキシューの交換は日常作業である．

それ以外の部分については，数年に1回という車両の定期検査時のメンテナンスである．台車は完全に分解され，洗浄，台車枠や車軸の探傷，摩耗部分の交換，塗装などが行われる．

台車枠の磁気探傷は写真3-33（92頁）でご紹介した．車軸については，軸端からの超音波探傷が行われる．材料欠陥がない限り，危険断面は車輪のボスの内側を筆頭とする段付き部であろう．新幹線車両などでは車軸中心に直径60mm程度の中空孔をあけた孔あき車軸が使用されるが，この孔は軽量化の目的だけでなく探傷にも利用される．

台車の付属品

車輪がレールに追随するという挙動を利用して，台車は本来の機能のためのもの以外のさまざまな付属品の取り付け場所としても利用される．

排障器：レール上の障害物をはじき飛ばす．先頭になる台車だけにある．新幹線ではこれが台車でなく先頭車のスカートに取り付けられている．

スノープラウ：軌道部分の雪かきをする．着脱式のものもある．

塗油器：車輪のフランジに塗油して曲線部におけるきしみ音，フランジやレールの摩耗を軽減する．

写真 3-64 排障器とATS 受信器
先端の排障器のすぐ裏にATS 受信機が見える．(1 号形 ATS, 京成)

写真 3-65 ヨーダンパ
この台車はボルスタレスだから，ボルスタ・アンカーではない．
(JR 東日本の成田エクスプレス)

写真 3-66 単軸台車
蒸気機関車の先・従輪は1 軸の場合が多く，一種の1 軸台車といえる．これは碓氷峠鉄道文化むらのD51 のもの．

砂撒き装置：雨天時などにレール上面に砂を撒いて勾配区間における車輪の空転を防ぐ．動力台車に設ける．

発電機：電力の供給を受けない客車の場合，車軸の回転を利用して発電しバッテリーに充電して電灯などに使用する．写真 3-14（80 頁）左側に見えるのが発電機である．

車軸の回転数の検出部：速度や走行データ等の基準となる信号を取り出す部分．運転台下部の台車に設けられる場合が多い．

アンテナ：車内信号，ATS 等の情報を地上（レール）と交信する車両側のアンテナ．

接地配線：車体を電気的にレールに接続してアースをとる．電気の流れの悪いばね部分や，電気を通したくないころがり軸受部分などには，シャント（分路）を配線する．

ボルスタ・アンカーとヨーダンパ

本章の 85 頁でご紹介したボルスタ・アンカーとよく似たものにヨーダンパがある．写真 3-65 がそうなのだが，ヨーダンパは両効きのオイルダンパを横向きにしたもので，ボルスタレス台車の台車枠と車体の間に取り付けられる．ボルスタレス台車なのだからボルスタ・アンカーでないのは分かりきっているのだが，一見，見分けがつかないかも知れない．ボルスタ・アンカーが推進力を伝達するもので長さが一定なのに対し，ヨーダンパはヨーイング（yawing，垂直軸回りの回転運動）に対するダンパなので伸縮する．側受けのないボルスタレス台車において，高速運転における蛇行動抑制に効果がある．JR 横須賀・総武快速線の E217 系電車の場合，グリーン車の台車だけにこれがついているところを見ると，グリーン料金に対する乗り心地のサービスかも知れない．

台車の変わり種

これまで通常の電車などに使用される 2 軸の台車を対象として話を進めてきたが，それ以外の，いわば特殊な台車についても簡単に触れておこう．

単軸台車，多軸台車：2 軸台車を標準と考えれば，単軸，あるいは多軸の台車は変わり種ということになる．

振り子台車：曲線部分を高速で走行するために車体を傾斜させる「振り子式車両」の台車．遠心力で自然に傾斜させる「自然振り子」と，曲

写真 3-67 検測台車
本来の台車は両側の普通の位置にあるが，この台車は車両の中央にある（マヤのヤは試験車の記号）．

写真 3-68 自由回転車輪台車
京阪の特急車に試用された．駆動軸側には自動車と同じ差動歯車（デフ）が見える．反対側の車輪は左右独立で，その中間にモータがある．モータが1台しか載せられないことも実用化の障害のひとつだった．
（寝屋川工場で保管，展示している）

写真 3-69 連接台車
連接車は各地の路面電車でよく採用された．これはかつての東武・日光軌道線 200 形．
（東武博物館）

線半径に合わせて油圧等で車体を傾ける「強制振り子」とがある．スペインの TALGO は前者，わが国の JR 四国や JR 北海道のディーゼル特急，JR 東日本の電車特急「スーパーあずさ」等はいずれも後者である．

操舵台車：曲線部分に進入するとき台車の向きに合わせて 2 本の車軸が平行のままでなく曲線中心を向くように移動して曲線通過を円滑に行わせることを目的とした台車．わが国でも JR 東海の「ワイドビューしなの」で実用化されている．

検測台車：走行しながら軌道の状態（上下左右の変位など）を検測するための車両を支持しない台車で，計測用の車両（軌道試験車）に本来の台車の他に設けられる．

軌間変更台車：複数の軌間（ゲージ）に対応して走行できる台車．車軸に対して車輪が移動できる構造のものが多い．スペインのタルゴが有名だが，わが国でも「フリーゲージトレイン」の名で研究開発が行われている．

自由回転車輪付き台車：自動車の後輪のように，左右の車輪が互いに自由に回転できる構造の台車．蛇行動をなくすのが目的だが，ディファレンシャルギアを使用するなど構造が複雑になり，あまり実用化されていない．

独立車輪付き台車：昔自転車の後につけたリヤカーのように，左右の車輪が短い軸で独立して取り付けられ，長い車軸を持たない台車．路面電車の床面を低くする目的でヨーロッパなどで開発が進められている．

連接台車：前後の車体を台車を介して接続する構造の車両を連接車という．わが国では小田急電鉄のロマンスカー，一部の路面電車，ヨーロッパではフランスの TGV などがこの構造を採用している．その連接部分に使用されるのが連接台車だが，台車自体の構造は通常のものと大して変わりはない．

4章 構体物語

1 構体とは

「車体」と「構体」

　鉄道車両は，2組の台車の上に箱形の車体を乗せて構成されている，というのが最も一般的である．やや耳慣れない言葉かも知れないが，「構体」とは，鉄道車両から台車を取り外した「車体」から，さらに機器と内装を取り去ったドンガラをいう．車両の一部である以上，数学（集合論）的な意味では「部分」に違いないが，感覚的には構体は車両のパーツというよりは本体といった方がピッタリする．

　構体は車両の骨格である．だから，生物学的にいうと鉄道車両は脊椎動物の仲間ではなく，エビ，カニ，昆虫などの「外部骨格」をもつグループに属するといえる（蒸気機関車だけはどうも哺乳類に近いように思わ

れる).

　身近な鉄道車両として「電車」を想定すると，その車体の役目はいうまでもなく乗客や乗務員を収容し，車両が移動する間，彼らが立ったり座ったりして過ごすスペースを構成することにある．したがって採光のための窓，出入りのためのドア，空調や照明，座席や荷物棚，手すりなど，快適に過ごすために必要な設備が備えられ，また屋根上，床下などの居住スペース以外の場所に走るための機器が配置されるわけだが，構体はこれらを取り付けるいわば本体部分であり，趣味的に見るとかなり地味な存在である．

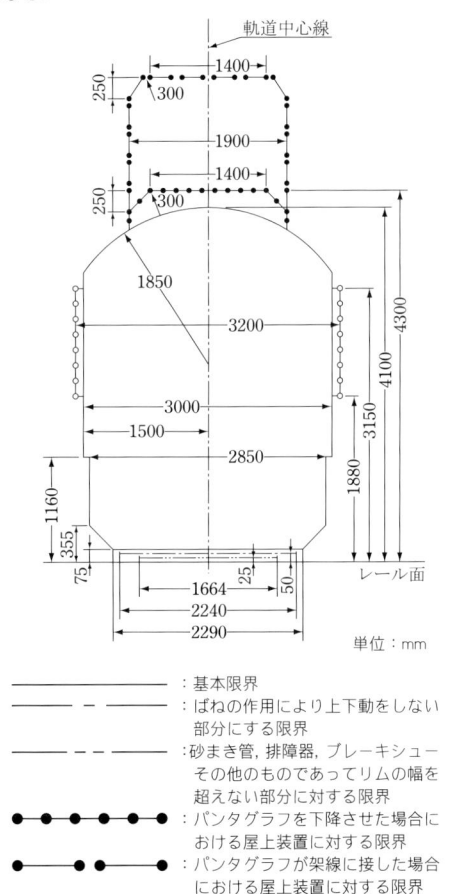

図4-1　車両限界の一例（旧・普通鉄道構造規制）

写真 4-1　木造車
木部のすそに台枠が露出し，その下部にトラス棒が見える．かつての新京成電車．
(その後鋼体化したが現存しない)

写真 4-2　張り上げ屋根電車
関西地区を疾駆したこの流線型電車は1937年の登場である．これは晩年の飯田線での撮影で，通風器，雨樋，前照灯などは戦後のタイプに変更されている．

写真 4-3　東急東横線の5000形
明るい緑一色の塗装と下ぶくれのスタイルから「青蛙」のニックネームがあった．(147頁参照)

写真 4-4　小田急3000形SE車
低重心の張殻構造で，1957年9月，国鉄東海道線を走って時速145kmという狭軌のスピード記録を作った．

構体の形状は断面がやや丸みを帯びているがほぼ直方体である．断面は線区毎に定められた「車両限界」（一例：図4-1）内に納まることが絶対条件となっており，仮に表面に灯具や手すりなどを取り付けたとしても，その先端部分が車両限界内に入っていなければならない．

構体の構成材料

昔の鉄道車両は木造であったが，ごく初期のいわゆる「マッチ箱」と呼ばれた小型の四輪単車を除き，ボギー車の場合は床の部分に鋼製の「台枠」というものがあり，その上に木造の車体が組み立てられていた．計算上，上部の木造部分は強度を負担しないので，荷重はすべて台枠が受ける．しかし台枠はあまり厚みのない平べったい枠であるから，2ヵ所を台車で支えると両端と中央部分がたわむ．そこでこれに対抗するため，台車間の部分の「梁せい」（梁の高さ）を大きくした「魚腹（fishbelly）台枠」というものが使用されたり，台枠から下方に棒を突き出し，その先端と台枠とを斜材で連結する「トラス棒」というものが採用されたりした．

わが国でも大正末期から鋼製構体が採用されるようになったが，かなりの数の木造車が第2次大戦後まで残っていた．終戦の時点でわが国の客車約1万両のうち6割が木造車であったともいわれる．1947（昭和22）年2月，八高線東飯能～高麗川間で発生した列車脱線転覆事故で，過速により築堤から転落した4両の客車が原型をとどめないまでに破損して184人が死亡，495人が負傷するという悲惨な結果を招いたが，被害の大きかった原因のひとつが老朽化した木造車体にあるとされた．この事故がきっかけとなって，1949（昭和24）年の国鉄（日本国有鉄道，それまでの運輸省から独立した公共企業体）発足に際して客車鋼体化工事が計画され，17mの古い木製客車の台枠3両分で20m客車2両分の台枠を作り鋼製車体を載せるという工事が行われ，1955（昭和30）年までに3,530両が完成して完了している．木造車両の淘汰は，当時の諸外国に比べればわが国鉄が最も早かったという．

構体の強度計算

鋼体化といっても当初は「半鋼製」といって内装はまだ木製であり，また屋根も弓形に湾曲した鉄骨の上に木材を並べ，表面に屋根布を張るという構造であったが，少なくとも構体側面は鋼製になったので，台枠

写真 4-5　500系新幹線
砲弾のようなスピード感あふれるスタイルは，JR東日本のMax（写真4-11）とは対照的である．

写真 4-6　チューブと呼ばれるロンドン地下鉄
小さなトンネル断面に合わせて車両も円筒形をしている．

写真 4-7　高抗張力鋼板を採用した京王2700系
軽量化時代のはしりともいえるが，あまり主流にはならなかった．

写真 4-8　山陽電気鉄道のステンレス車
関西のこの会社はアルミ車，ステンレス車を早くから採用したことで知られる．この写真の2000系にも普通鋼，アルミ，ステンレスの車両が混在する．

だけでなくこの鋼製部分（側構え）にも強度を負担させることは設計上当然のことであった．しかし側構えにはドアや窓などの開口部が多く，応力集中も随所に予想され，しかもこれらドアや窓は強度的な見地のみで位置や大きさを決定できない性質のものなので強度計算が難しく，戦後開発された「抵抗線歪み計」を使用して実物の構体による荷重試験で応力を測定するなどの試行錯誤が続いた．

1955（昭和30）年ごろ，当時の国鉄，客貨車研究室におられた吉峰鼎氏が「吉峰法」と呼ばれる側構えの強度計算法を確立され，以来これが使われるようになったという．現在では有限要素法（FEM）が普及してコンピュータを駆使した三次元の応力解析も手軽にできるようになり，複雑な形状の構体でも無駄のない経済的な設計が可能となっている．

張殻構造や新材料の採用

屋根を鋼板で張り上げるいわゆる「張り上げ屋根」は，スマートな外観からすでに戦前の車両にも一部採用されてはいたが，不燃化と軽量化というふたつの要求から屋根を含めた閉断面をもついわゆる張殻構造（monocoque construction）が本格的に採用されるようになったのは昭和20年代末からで，1954（昭和29）年登場の卵形断面の東急5000系やこれを小型にした翌1955年の東急玉川線200形電車，1957（昭和32）年の小田急の3000系SE車などがその先駆といえる．現在のJR西日本の500系新幹線車両は，走行抵抗を小さくするためほぼ円形の車体断面を採用しており，ロンドン地下鉄とは別の意味での「チューブトレイン」である．

終戦直後の国鉄京浜東北線に，「ジュラルミン電車」と呼ばれる銀色の電車が登場した．昭和22年登場のモハ63系6両で，わが国軽量車両の先駆といえないこともないが，終戦で不要となった航空機用資材を当時不足していた電車に急遽転用した，というのが実情のようである．

一方，1953（昭和28）年登場の京王帝都電鉄（現・京王電鉄）2700系などでは，普通鋼に代わって許容応力を高くとれる高抗張力鋼板を使用し，板厚を薄くして計量化を図ることなどが試みられ，やがて鋼板における腐食代を全くなくして板厚を極限まで薄くするためのステンレス構体や，比重の軽いアルミニウム合金車体などが私鉄電車で登場し，かなり遅れて国鉄―JRも採用し，現在ではこれらがわが国の新製車両の大半を占める．

写真4-9 相模鉄道のアルミ車
東の相鉄もアルミ車を大量に導入しているが，この5021号はその試作車として1967年に新製された．

写真4-10 東急の8000系ステンレス車
手前のデハ8255（1978年製）はリブ付き，先方のデハ8129（1971年製）はコルゲート付きで，世代の違いがわかる．

写真4-11 オール2階建て新幹線 Max
E4系という．塗装されていてわからないが，アルミニウム合金製である．

写真4-12 現役の木製構体
博物館・明治村では明治生まれ（？）の客車が毎日お客を乗せて「東京〜名古屋間」を往復している．安手の「作り物」でなく，いずれも本物の生き残りであるところが貴重である．

板厚を薄くすると溶接や曲げ加工による表面の凸凹が目立って外観を損ねるため，ステンレス車両では表面に波付け（コルゲート）加工を施すのが当初の常識であったが，波形の分だけ外板の延べ面積が増えるという問題点があるため，近年では全面コルゲートに代わりプレス加工によるリブ（突条）付けが採用され，さらに最近では補強材を裏面に隠し，表面はフラットのままのステンレス車が標準になっている．また初期のステンレス車は，外板のみがステンレスで，骨は普通鋼というセミステンレス，あるいはスキンステンレスと呼ばれる構造であったが，接合部分に電食などの問題があるため，現在ではオールステンレスが主流となっている．なお塗装が不要というのがステンレス車やアルミ車の長所のひとつの筈ではあるが，近鉄や東北新幹線など，あえて塗装を施している場合もかなりあり，これらは外見では普通鋼車と見分けがつかない．

2 構体の作られ方

木造車の時代

構体には木製と金属製とがあることは前記したが，今さら木製構体の作り方を考えてもあまり意味はないだろう．簡単に言えばそれは建築物（お神輿などもその一種と考えられる）の作り方とほとんど同じであって，土台の上に柱を建て，その外面，内面に木製のパネルを組み付けるものである．但し外側の特に腰板の部分は，板を張るというよりは，角材をびっしり並べるといった方がよい．隣接する角材は溝と突起でぴったりと噛みあわせられる．これは建築における木製の床や廊下などのやり方に通じるものである．天井も，古いものでは短冊状の板を並べてあったが，構体外側が鋼製になった昭和はじめごろから天井もベニヤの大板が使われるようになった．

柱組みには，要所に鉄骨の補強材も使われた．東京神田の交通博物館には，1/10ほどの大きな木製電車の模型があり，最後の塗装に至るまでの製造工程を追って随所がカットされて精密に作られていて，大変参考になった．

初期の鋼製車

さて鋼製の構体だが，初期は木材が鋼材に変わっただけでその作り方も車両の外観もあまり変わりばえがしなかった．つまり，台枠の上に鉄

写真 4–13　木製車の天井
天井は屋根と同様，短冊状の木板を並べてゆるやかな曲面を形成している．これも明治村を走る京都市電の車内．

写真 4–14　外板鋼板張りの木造車
リベットなども見えて一見，半鋼製車風である．旧・尾小屋鉄道のホハフ2．1913（大正2）年製．

写真 4–15　リベットのある車体
東京メトロ銀座線の前身，東京地下鉄道㈱の1000形車両．台枠とウインドシルとの間に縦方向のリベットが9個あるが，2次車の1011以降は10個である，などとマニアは細かく観察して記録を残している．

写真 4–16　リベットのある車体
撮影時点（1963（昭和38）年9月）では倉敷市交通局（現・水島臨海鉄道）の所属となっているが，昭和初期の国鉄の鋼製客車である．画面左側に図4–3に示した縦継手が見える．

骨を組み，その外面に鋼板を張り，出入口や窓部を造りながら鉄道車両に仕上げていったわけである．

鋼製車といっても，当初は地下鉄車両などを除けば大半が内装は木製の半鋼製車（セミスチールカー）であり，中には木製車体の外側に鋼板を張っただけの「にせスチールカー」さえも存在した．室内を含め全金属車体が一般的となったのは戦後も昭和30年代以降のことである．

鉄骨と外板との固定手段は，当初はリベット（鋲）である．多少大きさが違うとはいえ，

リベット造り→溶接構造→ブロック建造

という大きな流れは鉄道車両も船と同じである．なお，建築や橋梁などの鋼構造物では現在溶接とともに高張力ボルト継手が多用されているが，板厚が薄いこともあり，鉄道車両の構体に関してはあまりみかけない．

ところで，造船所や工場からリベットが姿を消したのは，昭和30年代末ごろのことであっただろうか．「建設の槌音」という言葉は，勿論基礎部分を施工するくい打ちハンマの音を意味するのだろうが，以前は基礎部分が終わって鉄骨が立ち上がるころになると，リベット打ちのピッチの短い打撃音が建設現場にこだましたものである．

リベット談義

こんにちのわが国にはもはやリベット職人がおらず，リベット構造の産業遺産を復元しようというような場合に困っているそうである．そこでやや脱線するが，ご存知ない世代の方のために，ここでリベット打ちを図面で簡単にご説明しよう．

(a) 接合する2枚の鋼板を重ね，上下の孔を合わせる．孔がずれているときは「ボール芯」と呼ばれるテーパのついたバールを突っ込んで合わせる．上下の鋼板が密着するように，必要に応じて「シャコ万力」などの道具でクランプする．

(b) 真っ赤に焼いたリベットを孔に挿入する．リベットは片側のみに丸頭が付いており，反対側はストレートである．上下方向の場合は，頭を下にした方が作業がやりよいだろう．ストレートの部分が孔から上に突出する．

(c) 鋼板表面から上の飛び出した部分をエアハンマで打撃してつぶす．正に「鉄は熱いうちに打て」で，赤熱しているうちが勝負である．明治

4章 構体物語

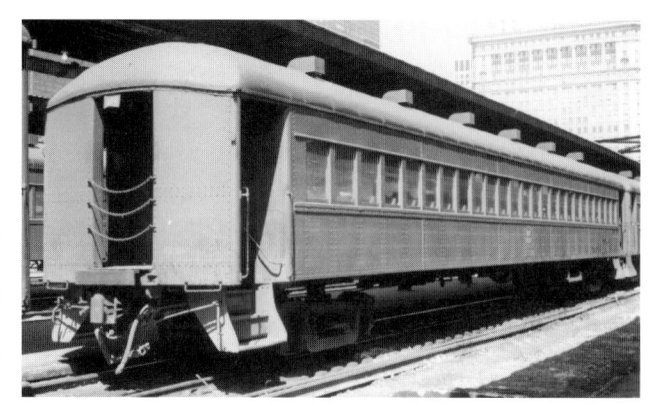

132

写真 4-17　リベットのある車体
アメリカ，シカゴで見かけたロック・アイランド鉄道の鋼製客車．窓5個分毎に腰板，幕板が継がれているのがわかる．

写真 4-18　製作中の構体
火災で消失した電車の台枠のみを使用して新しい鋼体を作り直しているところ．それにしても青空の下，丸太足場を組んでの作業とは，のんびりした時代である．（京成クハ1500形，1955年）

図 4-2　リベット継手の原理
2枚の鋼板を重ね継ぎする継手の作業手順．
(a) 孔を合わせて鋼板を重ねる．
(b) 赤熱したリベットを孔に差し込む．
(c) 頭を叩いてつぶす．

図 4-3　リベット継手の例
2枚の鋼板をつき合わせ，帯板と重ねて柱に固定する継手の例．

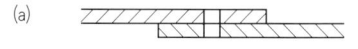

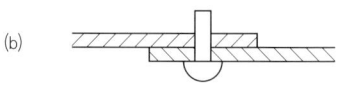

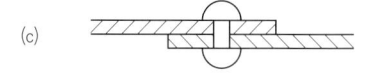

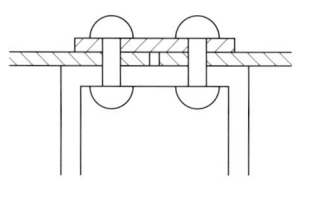

時代には人がハンマで打ったらしいが，短時間に繰り返し打撃できるエアハンマが登場してからはこれが用いられた．この間，下側では打撃の反力を受けるべく助手が当て金をあてがっている．

ハンマのヘッドは半球状にくぼんでいるから，つぶされた部分が広がって頭になる．打ち終わったリベットは頭が鋼板に密着するから音で判断できる．すでに赤熱状態ではなく黒光りしているが，やがて常温まで放冷されて収縮し，鋼板をいっそう密着させる．

リベット打ちはリベットを焼く人，下型を支える人，打つ人の最低3人がチームである．打つ現場が焼いている場所から多少離れていると，焼けたリベットを「やっとこ」でつかんで放り投げ，上では鋼板製のじょうごのようなものでこれを受ける．まさに名人芸で，ビル建築の高い現場などでも下から投げたリベットを受け損なうことはない．キャッチャーが上手なのではなく，投げる方のコントロールがよいのだ．

打っている途中でハンマが外れたり，リベットが長すぎたりすると，打った方の頭がきれいな半球にならず，段がついたり，はみ出したりする．したがって鉄道車両の場合などは，最初からある頭の方を目立つ外側にし，内側を打つようにするだろうと思われる．

初期の，鉄道車両でいえば昭和10年代半ばまでのものは，構体表面に何列ものリベットの頭が並んでおり，趣味的にいえばなかなか美しいアクセントでもあった．

さて，そのようなリベットによる鋼板の継手を考えて見よう．戦前のわが国では鉄鋼業においても大型圧延機がなかったから使用する鋼板が小さかったというハンデもあり，また，設計上あまり大きい板を使わないということもあって，例えば電車のドアからドアまでの間の長さ6m程の腰板でも，1枚ものの鋼板は使用されず，長手方向に縦向きの継手が存在した．図4-3に示すようにこの部分は鋼板を突き合わせ，帯板をかぶせて鉄骨と3枚をリベットで止めるのである．

一方高さ方向でいうと，台枠から屋根までの2mちょっとの距離でも，図4-4に示すように3枚の板をつなぐのが普通であった．上端の雨樋から窓上までが「幕板」，窓部分（窓とドアの間の幅の広い部分を「吹き寄せ」という），そしてその下の「腰板」である．それぞれのつなぎ部分は，建築物の雨仕舞と同じで，下側の板に上側をかぶせる構造がとられた．窓下の腰板にかぶさる細い帯を「ウインドシル」，窓上の幕板下部の細い帯を「ヘッダ」という．上下で別色に塗り分けることの多い

4章　構体物語

133

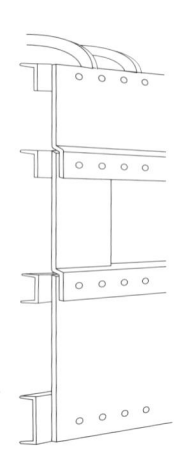

図 4-4　リベット式構体のイメージ
側板は下から縦方向に腰板，窓構え，幕板の順に重ね継ぎされる．

写真 4-19　近鉄 2200 系電車
近鉄大阪線（旧・参宮急行）のスターだったこの系列は，1930（昭和 5）年登場の 1 次車がリベットのある平凡な半鋼製車，10 年後の 2 次車がリベットを残しながらも張り上げ屋根となり，戦後の 1953（昭和 28）年の 3 次車からはこのようなノーシル・ノーヘッダとなった．

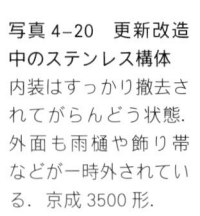

写真 4-20　更新改造中のステンレス構体
内装はすっかり撤去されてがらんどう状態．外面も雨樋や飾り帯などが一時外されている．京成 3500 形．

私鉄の車両などでは，このシル，ヘッダを塗装の境界とすることも多かった．

溶接の時代へ

　溶接構造の採用で継ぎ目なしの突き合わせ継手が当たり前になり，リベットがなくなっただけではなく窓の上下に帯のない車両が現れると，当時の感覚ではかなり斬新な印象があり，「ノーシル・ノーヘッダ」としてもてはやされたものである．この場合，折角外板に段差がないのだから，塗り分けにせずに一色塗装の方が似合いであったといえる．

　話は一挙にステンレス車体に移る．ステンレス車は腐食代を見なくてよいので外板を薄くして軽量化を図るのがメリットのひとつだから，継手はふたたび突き合わせではなく重ね継手となり，鉄骨との固定はスポット溶接が採用された．なお継手部分には防水のため，不定型シール材が併用されている．

　鋼製車の外板が 1.6〜2.3mm であったのに対して，ステンレス車のそれは 0.8mm 程度である．初期のコルゲート板の方が板自体は薄く，最近のリブ付き車では 1.2〜1.5mm である．あまり薄いと，コルゲートをつけないとべこべこしてしまうのであろう．JR 東日本の 209 系などの新しい電車は，見た目にはフラットな外板（SUS301L，板厚 1.2mm）であるが，見えない裏側に補強のコルゲート板を重ねてある．

　アルミ車となるとこれは強度も問題もあろうがステンレス車のように薄くはできず，厚くする代わりにダブルスキンと呼ばれるハニカム構造が主流となりつつある．継手はふたたび突き合わせである．

　余談だが，オールスポット溶接に見えるステンレス車でも，かならず TIG などの連続溶接を行っている部分がある．それは妻面上部と屋根板との接続部である．つまり，一般のスポット溶接は平面における継手だが，この部分は屋根が湾曲しているために溶接線が立体的になっており，スポットでは中間で口が開いてしまうからであろう．

　最後に船のブロック建造に相当するのがパネル工法である．JR 東日本では国鉄時代と違って自社で車両を製造することを始め，1993（平成 5）年，新津に新しい車両工場を作った．以来，同社の新車の何割かは既存の車両メーカーと並んでこの工場が担当している．ここでは直六面体の構体を 6 枚それぞれのパネルに組み，これを箱型に組み立てるという画期的な製造方法を採用している．

写真 4–21 屋根隅の連続溶接部分
矢印の弧状の重ね継手部分はスポット溶接では開口が残るので，ふさぎ材をかぶせるか，連続溶接する．小田急 1000 系．

写真 4–22 一色塗り
山陽電気鉄道の 200 形．チョコレート一色に塗られ，兵庫付近の道路をのんびり走っている．1959（昭和 34）年 7 月撮影．

写真 4–23 塗り分け塗装
同じ系列の車両だが，クリームとブルーに塗り分けると結構スマートに見える．馬子にも衣裳とはこのこと．1965（昭和 40）年 11 月，電鉄須磨．

3　構体の表面処理

構体のカラーコンディショニング

　構体の材質により，すなわち木製，鋼製，ステンレスあるいは軽合金（以下アルミと略す）製ということで多少事情は異なるが，原則として表面には塗装が行われる．木製や鋼製の構体では腐食防止という大きな目的があるが，その必要のないステンレス構体でも何らかの装飾が施されるのが普通だ．ひとつには鉄道会社にとって車両は即商品であって時代にマッチした乗客にアピールする外観が必要だし，もうひとつ，他社あるいは他線区との識別という目的もある．たとえば首都圏のJRで「黄色い電車」といえば「中央・総武の緩行線」のことと誰でもわかるのは，案内図や駅名の表示板，車両がすべてラインカラーで統一されているからである．鋼製構体のときは勿論黄色に塗っていたわけだが，ステンレス車になっても識別のため黄色い帯を腰に巻いている．

　首都圏の山手線と京浜東北線が田端〜田町間でまだ同じレールを走っていたころ（分離は1956（昭和31）年），識別のため山手線の電車を伝統のぶどう色（本稿の色名はすべて俗称だが，鉄道会社は○○何号などともっともらしい色名をつけて規定している）から緑色に塗り替えたこともあった．昭和30年代に101系や103系という標準設計の電車を各線に配置したときは線区毎にラインカラーを決め，その色一色に塗って登場させたが，配置替えの際の塗り替えが間に合わず，正面に誤乗防止の大きな札をかけて走る光景も見られた．現在のステンレス車の帯は塗装ではなくカラーシートの貼りつけなので，貼り変えも経費がかからず簡単なようだ．

　海外の地下鉄などでも，ラインカラーで路線を分け，路線図も車両もその色にしてわかりやすくしている例は多い．例えばボストンの都市交通は大別して4系統あり，Red Line, Blue Line, Orange Line, Green Lineがそれぞれ正式の路線名である．ただしこのうちのGreen Lineは路面電車の総称で，実際には複数の系統がある．

　ラインカラーも虹の七色位が限度で，それ以上路線が増えると似た色を使わざるを得ない．東京の地下鉄で見ても東西線の明るいブルーと三田線のやや暗いブルー，銀座線のオレンジと有楽町線のややくすんだ橙色など，印刷の調子や塗料の調合などで区別のつきにくい場合が生じている．

写真 4-24 斜めストライプ
近年の流行のひとつ．これだけで結構モダンな感じが出る．この電車は JR 東日本，塩尻〜辰野間を往復する「ミニエコー」号．

写真 4-25 無残に脱落した塗装
鋼板から剥離した塗膜がまず草加せんべいのようにふくれ，やがて脱落する．JR の電車でよく見かける．これは常磐線快速電車 103 系．

写真 4-26 腐食部分の手入れ
ガラスのはまっていた部分など，腐食したところにパテを塗り「こて」で仕上げる．これは JR 貨物の電気機関車．(大宮車両所)

4 章 構体物語

同じ路線なのに編成によって色を変えている例もある．京王電鉄の井の頭線はステンレス車の前面だけ FRP（繊維強化プラスチック）のお面をつけているが，この色が編成毎に違う．この線には現在 1000 系，3000 系合わせて 29 編成の電車があるが，これがピンクやライトブルーなどの 7 色に分かれていて，車両番号順に色の順番が決まっているので各色がほぼ同数ある．色が違うといっても見た目を楽しませているだけで識別する必要は全くないので，どの色も原色を避けてパステルカラーなのが特徴だ．同様なのが 2001 年秋に開業した東京ディズニーランドの外側を一周するモノレール線，ディズニーリゾートラインで，5 編成ある車両の下半分の色がブルー，イエロー，パープル，グリーン，ピーチの 5 色となっている．

　一方関西の阪神電車は伝統的に各駅停車と急行・特急とでは別の車両を使用しており，現在では前者が青系統，後者が赤系統に塗られているのでひと目で区別でき，誤乗防止に役立っている．

鋼製構体の塗装

　車両の塗装は，当初は腐食防止の観点から何色でも塗っておけばよい，安くて長持ちする塗料を使おうとか，汚れの目立たない色がいいだろう，という程度の考えしかなかったかも知れないが，車両の塗色はその線区を象徴する重要なアイテムであるということが認識されてデザイン性が重視されるようになった．

　塗装のやり方には大別して 3 種ある．①（床下，屋根は別として）全体を一色に塗る．②窓から上と，腰板とを別の色で塗る（これを一般に「塗り分け」という）．この変形として窓部と，上下とを別の色で塗るというものがある．③全体一色だが，窓下に別色の帯をとおす．

　①は最も古典的で，明治以来，国鉄ではぶどう色，私鉄では緑一色あるいは赤一色というのが少なくとも終戦直後頃までの標準であった．阪急電鉄はマルーン（栗色）一色という伝統を今なお墨守している．②は国鉄と違う路線であることを強調したい私鉄に多く見られる．国鉄では戦前の関西の急行電車，戦後登場した湘南電車が塗り分け塗装で注目をひいた．③は①の変形とも見ることができるが，現在では九州の西鉄（白緑色に赤帯），関東の京浜急行（暗赤色に白帯）などがそうである．これの変形として，車体側面に上下方向に斜めの帯を入れるものがある．スピード感を表現しているのだろうか．

写真 4-27　旧塗膜の除去
通常「全般検査」と呼ばれる数年毎の定期検査で塗装もやり変える．まず高圧水を噴射して旧塗膜を除去すると，鋼板の地肌が現れる．

写真 4-28　塗装中の構体
ガラスに紙をあてがい，境目にはテーピングして，一色でない塗装であれば明るい色の方から吹きつけ塗装する．（新京成くぬぎ山車両基地，上も）

―― ツールボックス ――

ステンレスカー

　ステンレス構体は欧米で開発された技術である．わが国でも軽量化とからんで採用の機運が高まり，初めて誕生したのが 1958（昭和 33）年東急車両製の東急 5200 形であり，わずかに遅れて川崎重工業製の国鉄サロ 95 形もデビューした．これらは骨組みは普通鋼，外板のみステンレスというセミステンレス車であったが，1962（昭和 37）年に東急車両で誕生した東急 7000 系はわが国初の量産オールステンレス車である．この影には東急車両の 1960（昭和 35）年の米国バッド（Budd Co.）社からの技術導入という社運を賭けた「英断」があった．時移ってJR 東日本の新津車両製作所はこの東急車両の技術支援でスタートし，当初両者の設計 CAD はオンラインで連結されていたほどであるが，ここも今や JR のステンレス車専門工場の観がある．東急電鉄の車両が 100％ステンレス車であることも，この東急車両という系列メーカーの存在なしには考えらない．

―― Tool Box ――

さて，鋼製車体は全面的に塗装されているから，塗膜に対するメンテナンスが必要である．褪色やひび割れ程度だったら数年毎の定期補修の機会に塗り替えるまで何とか持たせられるが，線区によっては鋼板の傷みがひどく，部分塗装の手当てが必要なケースもあるだろう．

定期塗装のため，車両基地には塗装工場があるのが普通だが，窓ガラスや機器，座席などをすべて撤去し，腐食個所の手当てを受けて車両は生まれたときの構体の姿に戻る．塗装は錆止め，下塗り，仕上げと何回も吹きつけ塗装が繰り返されるので，塗料の飛沫の問題もあれば有機溶剤の環境問題もあり，周囲から遮断された専用のヤードと集塵設備が必要である．

特に「塗り分け」車の場合には境界線のマスキング処理を行った上で仕上げ塗装も少なくとも2工程必要になる．塗色の決定は車両デザイン上の重要事項ではあるが，一旦決めると乗客に覚え込んで貰う必要があって簡単に変更すべきではないから，デザイン性以外によくよく経済性をも考慮して決定しなければならない．

その線区の車両がすべてステンレス車あるいはアルミ車というような新しい路線では，車両基地から塗装工場が姿を消しており，これが大きなメリットとなっている．

ステンレスやアルミの表面模様

ステンレス車では塗装の代わりに表面処理等によって独特の模様や光沢を出している．ステンレス鋼板には元来鏡面仕上げ，ヘアライン仕上げ，ダル（つや消し）などの種類がある．鏡面（ブライト）はバフなどで研磨した文字通り鏡のような仕上げで，道路脇のカーブミラーの凸面鏡などは大部分がこれであるが，金属粉が付着したり指あとの汚れなどが目立つから，鉄道車両ではあまり見られない．ヘアラインは一方向に細かいすじ目をつけたものである．回転する研磨ベルトの下を通過させてストリップの長手方向に連続したすじ目をつけたもので，板を横長に使う構体の場合はすじ目は水平方向となっている．室内のふち金物などもほとんどがヘアライン仕上げである．

一方，ダル鋼板は圧延の際の最終パスをダルロールで行うことによって作られる．ダルロールは，ショットブラスト機でロールの表面に硬いショット（砥粒）を吹きつけ，表面に無数の微小な凹凸を付けたロールである．レーザ照射で凹凸をつける場合もある．圧延しているうちに凹

写真 4-29 車体広告電車
サファリパークの広告として車体を猛獣のようにしたのはよいが，獲物に気づかれずに近づくための迷彩色を電車に塗ってしまっては，接近がわからず危険ではないか．
(群馬県の上信電鉄)

写真 4-30 熊本市電 9700 形
すそ回りがグラデーション（ぼかし）になっているのは印刷フィルムを貼っているから可能なので，通常の塗装では実現困難なデザインといえるだろう．

写真 4-31 相模鉄道の特別塗装電車
これは広告でも落書きでもない，アートギャラリー号と称するれっきとした芸術塗装電車で，原画はかの池田満寿夫画伯である．

凸が消えてツルツルになってしまうのでロール交換を頻繁に行う必要がある．ダル鋼板は光を反射してもまぶしさがなく，汚れや傷が目立たない上に塗料の密着性がよいなどの特徴があり，構体では乗客が手をふれる確率の高い窓まわり部分によく用いられる．

　アルミ車の場合も，山陽電気鉄道のわが国初のアルミ車2000系の腰板表面には当初研磨によるうろこ模様がつけられていた．ブラシをコンパスのように回転させて得られる円形のヘアライン模様でうろこ状に表面全体を埋め尽くしたもので，その後これをみがいて消してしまったので，今は見られない．そういえば以前阪神国道を走っていた阪国バスの車体にはこの模様があったし，装飾トラックの荷台などにも時折見かけることがある．

　最近のアルミ車は，鋼製車と同じように塗装したものを除いて，まったくの無地である．しかし見た目は無塗装でも，クリヤラッカーなどの塗装が施されている場合もある．

ラッピングと車体広告

　さて，ステンレス車もアルミ車も，耐腐食という意味での塗装は必要ないとしても，接近してくる車両が目立たないと危険であり，こうした視認性の観点と，前記した列車種別の識別性，さらにこれらに加えて見た目がさびしいなどの理由から何かちょっと色を付けることがむしろ普通である．特にその必要性は車両の正面部分に強いので，東急の車両（この会社は世田谷線を含め1,100両を越す全線全車両がステンレス車である）などは前面だけに赤い帯をつけ，側面はステンレスの地肌のままという車両も多い．こうした飾り帯や，場合によっては文字・マーク等は，ステンレス板に塗料が乗りにくいこともあって塗装よりも着色フィルムを貼るのが一般的である．

　ところがこの着色フィルムがラッピングと称するインクジェットや静電プリントなどのカラー印刷されたフィルムに代わったことで，思わぬ方向へ暴走しかけている．例の車体広告である．全国各地の，特に経営の苦しい地方私鉄などでは以前から車体全体をペンキ描きのスポンサーの広告で埋める広告電車が見られたが，東京都が条例を改正して解禁したことがきっかけとなってバス，都電を皮切りに，JRの電車にまで広告車が見られるようになった．今のところ川崎市がまだ認めていないため，山手線はよいが川崎市を通過する京浜東北線では採用できないとか，

写真 4-32 日立電鉄 3000 形
旧銀座線の 2000 形を両運転台にし，旧日比谷線のパンタグラフと足回りを組み合わせた苦心作．片側運転台の 2000 形と合わせ，この会社の旧型車両を淘汰した．

写真 4-33 長野電鉄に行った元東急 5000 系
長野市内の地下化に伴い，不燃構造の車両が必要となり 1977 年から導入された．耐寒，耐雪化などの改造が施されている．

写真 4-34 長野電鉄に行った元日比谷線 3000 系
東急車の老朽化により 1992 年から置換された．耐寒，耐雪化のほか，勾配線区に対応してブレーキが強化されている．

車体の各面の何％以内とか，いろいろ制約が掛けられているようだが，そのうちずるずると抜け穴が広がり，手のつけられない状態になりはしないかと危惧している．せめて，色々の意味で識別性を重視されなければならない車両の前面だけは，広告を禁止してほしい．現にバスの車体広告は前面を避け，本来のデザインのままとしているようだ．鉄道も見習うべきである．

4 構体のリサイクル

構体の流通

　車両のパーツであるという証拠に，構体は他の部品と切り離しても独自に流通する．その理由としては，ひとつには構体が価格もかかり，また修理も可能なために他の部品よりも寿命が長いということが挙げられるだろう．

　消耗品と考えられる電気部品やインテリアなどを新品に交換すれば，構体自身は古いものの手直しであっても，一見新車と見まごう車両に生まれかわる．こうして同じ路線で「更新修繕」を受けて生き延びる例も多いが，デザインの陳腐化とか車両規格のグレードアップなどを機会に，実際にはまだ使用できる車両が廃棄される場合も多い．かくしてわが国から海外の途上国へ，JRから私鉄へ，そして大都市の大手私鉄から地方私鉄へ，多くの車両が移籍されて第2，第3の人生を歩んでいる．このとき車両がそのままの姿で譲渡される場合もあるが，構体と台車，部品などがばらばらに流用される場合もある．

　営団地下鉄（現・東京メトロ）銀座線では1993（平成5）年に全車両の置き換え完了を待ってATCの使用と大幅なスピードアップ（渋谷〜浅草間で4分）を行ったが，廃車となった中の最新車だった2000形26両は茨城県の日立電鉄に24両，千葉県の銚子電気鉄道に2両が譲渡されて再起することになった．続いて同じ営団の丸ノ内線でも同様の改良が行われ，真っ赤に塗られた旧車両はすべて廃車となったが，131両という大量の車両が遠くアルゼンチンのブエノスアイレス市地下鉄に引き取られ，海を渡った．営団南北線，東急線乗り入れに伴うATO化とワンマン運転のため従来の車両を全数置き換えた都営三田線でも，旧車両72両がインドネシアのジャカルタ首都圏国電区間に譲渡されている．

　このうち特異なのは旧銀座線のケースである．同線は第三軌条集電の

写真 4-35 熊本電鉄の 6000 形
元都営三田線 6000 系で，右側に見える元東急 5000 形との置換が進められている．

写真 4-36 弘南鉄道の元東急 7000 系
両側とも元は同じ 7000 系だが，右側は転入に際して運転台が新設され，新しい顔になっている．

写真 4-37 帰らぬ旅に出る京王 3000 系
トレーラーに引かれ，長年住み慣れた永福町車庫を後にする．

地下鉄でしかも国際標準軌間である 1,435 mm ゲージであったが，譲渡先はいずれも架線集電で 1,067 mm 軌間の普通の電車線である．そこで同時期に廃車された同じ営団ながら架線集電の日比谷線で使われていたパンタグラフを屋根に載せ，1,067 mm 軌間の台車に履き替えるなどの改造を行っている．また受け入れ側の日立電鉄では運用上 6 両は単行運転のできる両運転台車を希望したので，片側にしか運転台のない車種を 2 両ずつ切り継いで新しい 1 両の構体を製作した．銚子向けも同様である．またトンネル内を走る銀座線の車両には日除けがなかったから，カーテンも新たに取り付けなければならなかった．ブエノスアイレスやジャカルタの場合は比較的条件の似た路線で問題は少なかったようだが，それでも細かい点を上げれば膨大な手直しが施されている．

　このように，まず第 1 に新しい路線の車両限界にそのまま納まるかどうか，つぎに寸法的な限界に納まっても，軌間（レールの幅），架線電圧などの規格やその線にある橋梁や構造物の設計荷重や勾配，曲線半径などの線路条件，プラットホームの高さ，要求される車両性能などが問題となる．

　また，日立や銚子の例のようにしばしば問題となるのは，大都会の長大編成の電車が 1 両あるいは 2 両で走る地方路線に移る場合に運転台の数が不足し，この部分を作らなければならないことである．逆に場合によってはせっかくある運転台が不要になることもある．

　また譲渡先によっては使用予定両数に加えて，将来のメンテナンスのため，「部品取り」用の余分の車両を引き取るケースも多い．

　こうした余剰車両の向け先を探し，あるいは欲しい車両を見つけ出してきて必要な改造を行った上で新しい路線に送り込むということを得意とする車両メーカーも存在する．

　以下，近年のかなり目立った動きを 2，3 の実例によって眺めてみよう．

東急 5000 系と 7000 系電車

　1954（昭和 29）年，東急東横線にさっそうと登場し，高性能と近代センスあふれるモノコック構造のボディで同線のイメージを大いに高めたと言われる 5000 系は，1959（昭和 34）年までの間に合計 105 両が製造され一時は東横線の主力であったが，これが同じ東急社内の田園都市線に移り始めたと思っているうちに，ステンレス化と地下鉄乗り入れのための規格統一という流れの前に前面に貫通扉のないのがあだとなっ

写真 4-38　北陸鉄道浅野川線
金沢〜内灘を結ぶ通勤，通学路線だが，以前はこんな電車がのんびり走っていた．
(1996 年 11 月撮影)

写真 4-39　浅野川線に投入された京王車
この元京王 3000 系電車に置換されて，在来の全 10 両が廃車された．

写真 4-40　北陸路を走るレッドアロー
元西武の特急車レッドアロー号が短い 3 両編成になって宇奈月温泉などの富山地鉄路線を走っている．この線には元京阪特急もいる．

写真 4-41　秩父鉄道の元 JR 101 系
内部にローカル線を多く抱える JR では私鉄への転出は比較的少ないが，ここ秩父では 36 両というまとまった数でこの線の主力となっており，またかつては 1,500 両を数えた 101 系電車の貴重な生き残りでもある．

て淘汰の対象となり，福島交通（4両），長野電鉄（31両），静岡県の岳南鉄道（8両），松本電気鉄道（8両），上田電鉄（11両），熊本電鉄（8両）など，実に70両以上が地方私鉄に大量に移籍されたのが昭和50年代のことである．東急線内に残ったものも大井町線，目蒲線などを転々とし，1985（昭和60）年には全車が引退した．

　その次の東急の主力となった7000系は，わが国初のオールステンレスの構体を持つ地下鉄日比谷線乗り入れ規格による電車で，1962（昭和37）年から1966年までの間に134両が製造され，東横線のほか大井町線，田園都市線にも投入されたが，まだ冷房車の時代ではなかったことが不運であった．

　一部の車両（56両）は1987（昭和62）年からの更新改造でVVVFインバータ制御，冷房つきの7700系に生まれ変わって現在も東急各線で使用されているが，その一方で1988年から地方私鉄への譲渡も始まり，青森県の弘南鉄道（24両），福島交通（16両），秩父鉄道（16両），北陸鉄道石川線（10両），南大阪の水間鉄道（10両），合計76両が新天地へ旅立っている．このうち福島交通と水間鉄道では架線電圧の1500Vへの昇圧に伴う車両の一斉入れ換えという役目を果した．福島交通ではこのとき先輩の5000系が廃車されている．譲渡先で冷房車に改造された例も見られる．

　4両編成で使用された秩父鉄道を別格として，その他の譲渡先では2両，あるいは3両での運転のため先頭車が不足し，連結側に運転台を新設した．それはステンレス構体の故もあって工作を簡易に止めるため貫通扉のないフラットなスタイルで，元々あった運転台側とは全く違う顔となっている．

　なお，7000系の残り1編成2両は長らく東急の支線的存在だった「こどもの国線」専用車として使用されていたが，この線の横浜高速鉄道への衣替えを機会に引退し，2000年6月に車両メーカー「東急車両」の場内輸送用に引き取られている．

　秩父の16両は2000年に廃車，解体された．

京王井の頭線3000系電車

　京王電鉄には新宿をターミナルとする京王線と，渋谷を起点とする井の頭線とがある．歴史的経過は省略するが，両線は軌間が異なるため線路はつながっておらず，車両の交流もほとんどない．

写真 4-42 福井鉄道の電車
県都福井と武生市を結ぶ都市間電車だが，福井市街は道路上を走行する．車両も路面電車より大きく，しかも2両連結か連接車である．

写真 4-43 福井駅前の光景
路面区間では車外に突き出たステップを使って乗降する．慣れないと，降りるときがちょっと怖い．

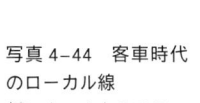

写真 4-44 客車時代のローカル線
低いホームからステップを使ってデッキに上がるというのが昔の客車の常識だった．これは1984年に廃止された旧国鉄・清水港線．

井の頭線の3000系電車は1962（昭和37）年末に登場した18m3扉のステンレスカーで，5両編成29本計145両が製造された．ところが，この線の線路事情により6両編成化が難しいことから混雑緩和策として車両を大型化することになり，1996（平成8）年初に登場したのが20m4扉の1000系電車である．現在も増備が続けられているものの一挙にこれに置き換えるわけにも行かず，3000系については新車の製造により生じた余剰分を古い方から徐々に廃車し，当分残ると思われる製造年次の新しいグループについては1000系との見た目の格差を解消するためのリニューアル工事を行うことになり，2003年現在第16編成以降が完了している．廃車分を地方私鉄に売り込みした結果，群馬県の上毛電気鉄道(14両)，松本電気鉄道(8両)，岳南鉄道(3両)，北陸鉄道浅野川線(10両)などに引き取られることになった．北陸鉄道では昇圧，金沢駅地下乗り入れに伴う車両の一斉入替え用に投入され，松本，岳南では東急5000系の2度目のリタイヤによる置き換えの役を果たした．

中古電車のコレクション

　地方私鉄の中には，どうせ中古車両を受け入れるなら，あちこちの違う車両を集めてこれを呼び物にしようと考えるところがある．路面電車では長崎電気軌道が廃止された全国の都市の車両を元の塗色のままで走らせて人気を呼んでいるし，広島電鉄や高知県の土佐電気鉄道も同様である．一般の私鉄では静岡県の大井川鉄道が西武，南海，近鉄，北陸，京阪などの各私鉄車両を見た目にはほとんどそのままの状態で使用している．金谷～千頭間の本線を走る電車18両はすべてこれら各社からの転入車で，このうち近鉄と京阪の各2両は標準軌間の元特急車だし，北陸の2両は「しらさぎ」の愛称を持ち，地方私鉄が製造したアルミカーとして歴史的価値の高い車両である．

　一方，それほどの観光的意図はなく，結果的に中古車を買い集めている私鉄もある．古くは四国の高松琴平電鉄など，一両毎にスタイルが違うので百鬼夜行電鉄などと揶揄されたものだが，東急7000系なきあとの現在の秩父鉄道には旧国電の101系や165系電車，都営三田線6000系電車などの姿が見られる．

　経営の苦しい地方私鉄にとって，自社のかかえる老朽車よりもずっと程度のよい大手私鉄などの中古車は貴重な資源であり，さらにまとまった両数で在来車を一掃することができれば願ったり叶ったりというとこ

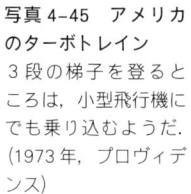

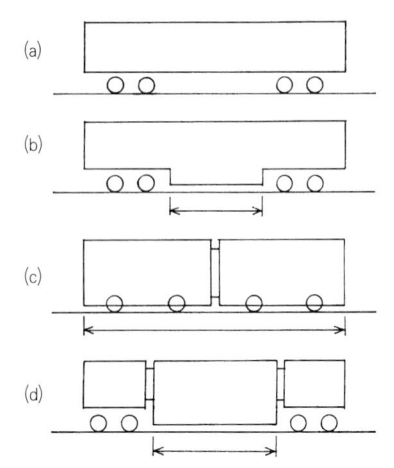

写真 4-45 アメリカのターボトレイン
3段の梯子を登るところは，小型飛行機にでも乗り込むようだ．(1973年，プロヴィデンス)

図 4-5 従来車と低床車
(a) 従来車，(b) 部分低床車，(c) 100％低床車，(d) 鹿児島市電の100％低床車，矢印は低床部分．

写真 4-46 インドネシアの気動車
車内に1段，車外に1段ステップがある．車外のものはドアの開閉と連動している．

写真 4-47 ヘルシンキの国電
車内に2段のステップがある．福祉の国だから，車椅子対応の出入り口は別のところにあるのかもしれない．

ろであろう．鋼材やアルミニウムはスクラップとしてのリサイクルが可能であり，実際それは行われているが，構体の姿のままでのリサイクルが可能であれば，溶解炉まで戻すことに比べて消費エネルギーの節減は大きく，資源保護の観点からも喜ばしいことであるといわねばならない．

5 床面の高さ

ステップ付き車両

　これまで，構体はほぼ直方体である，として話を進めてきた．しかし屋根や妻面，側板などの丸みは別としても，平面と思われている床面が実は平面でない車両も存在する．それは主として車両の床面の高さに原因がある．

　構体が台車の上に載る構造である以上，

　　車両の床面高さ＝車輪径＋床面厚さ＋クリアランス

となるのは，止むを得ないことと考えられる．路面以外の通常の車両で車輪径は 860〜910 mm，路面電車でも 660 mm あたりが普通なので，床面高さはどうしても 1 m 前後となる．

　このため，一般の（路面以外の）鉄道では床面高さに近いプラットホームというものを設けて，その上から車両に出入りするようにしている．しかし機関車の牽引する客車列車の時代，プラットホームをあまり高くせず，車両側にステップを設けてこれを登り降りするのが一般的であった．現在でも諸外国ではほんの申し訳程度の低いプラットホームしか設けず，よっこらしょと登るような駅がむしろ普通である．そこで車両にはステップが付きものとなるが，このステップに車両の外側に設けるもの（通常は折り畳み式）と，内側のものと2種類ある．内側の場合，車両のドアの敷居は低い位置にあるが，そこを入ると車両の床に向けて1段，あるいは2段ステップを登らなければならない．つまり内側ステップ付き車両の床面は，出入口の部分が低くなっている．こうした構造はバリアフリーという観点から好ましくないのはいうまでもないとして，ラッシュ時の詰め込みなどでも，最も混雑するドアの際が立ち止まり困難なスペースとなってしまうという問題点があり，通勤路線などでは重大問題であるが，全駅のホームをかさ上げするという大工事を行わない限りこの問題は解決しない．

写真4-48 名鉄美濃町線（2005年3月で廃止）600形電車
始発駅・新岐阜でもこの線だけはわざわざ低いホームにして，ステップを使って乗降するようになっている．この車両の床面高さはちょうど1m．

写真4-49 伊予鉄松山市内線の乗車口
ステップが高いので後から補助ステップが設けられた．他の都市でもみられる．

写真4-50 東急世田谷線の乗車風景
車両の入れ替えを機会に全停留所のホームがかさ上げされ，水平に乗降できるようになった．

路面電車と LRV

　さて,原則として道路面から乗降し,スペースがあってもごく低い「安全地帯」程度が当たり前という路面電車においても,ステップは必需品と考えられていた.ところが,かつては道路渋滞の元凶などと邪魔者扱いされていた路面電車が最近,エネルギー消費が少なくクリーンな輸送機関として世界的に見直されている.そして高性能,近代的な外観等によって,昔ながらのチンチン電車と区別するため,LRV（Light Rail Vehicle）と呼ばれる新しい車両が続々と登場している.さらに走行軌道部分が一般道路と分離されていたり,他の道路とは立体交差するなど,路線全体が近代化されている場合,車両を含めたシステム全体を LRT（Light Rail Transit,軽快電車）という.

　高齢者や障害者だけでなく,すべての人々が利用しやすいように工夫された製品やサービスを「共用品（ユニバーサルデザイン）」と呼ぶ.近代都市機能の一部として位置づけられる新しい LRV のイメージは,まさにユニバーサルデザインの好例であろう.車両のステップも止むを得ないものでは済まされず,既成概念の転換が必要である.

　車椅子で乗降するためには,要するにホーム（安全地帯）と車両の床の高さが等しいか,接近していればよい.したがって一般の鉄道のように高いプラットホームを設けることも解決策のひとつである.東京の都電荒川線や東急世田谷線ではすべての停留所に車両の床面と同じ高さのプラットホームを設けて段差を解消した.しかし専用軌道区間の多いこれらの路線だからよいようなものの,道路の真ん中を走る一般の路面電車の場合,停留所毎に道路の中に島を作るというのも現実的でない.現に地方都市などでは道幅の関係で安全地帯すら設置できず,道路面から直接乗降しているところも多い.

　そうなると残るは車両側の床を低くすることしかない.その結果生まれたのがいま世界各地に登場している低床式 LRV である.客室の床面が完全に低くなっているものを 100％低床車,一部のみ低くなっているものを 70％低床車などと呼ぶ.例えば 70％低床車なら,台車のある部分は従来どおりの床面高さで中間の部分だけが低くなっている.床面に大きく段差をつけるのである.この場合,走行装置は従来のものでよいから,実現は容易である.ところが 100％低床にしようとすると,従来の車両とは全く異なる新しい車両構造を考えなければならない.

　低床車では従来床下にあった制御機やエアコンプレッサなどの収納場

写真 4-51 都電荒川線のホーム
路面区間でもこのように高いホームを設け,水平に乗降できる.この道路には拡幅計画がある.

写真 4-52 パリ北部の路面電車
路面電車を一旦全廃したパリやロンドンにも近代化された LRT が復活した.パリの北側を走るこの電車は 3 車体連接の部分低床車.両端の動力台車部分が高床になっている.

写真 4-53 ジュネーブの路面電車
これも両端に従来構造の台車を用いる 70％低床車である.連接部分は小径車輪の特殊台車を使用して低床のままとしている.

所の問題もある．まず考えられるのは屋根上だが，車両の重心が高くなるという欠点がある．一部の低床車ではエアコンプレッサを全廃し，ブレーキシステムやドアの開閉を油圧や電動で行っている．

ワンマン車の運賃収受

　ところで，完全低床か部分低床かということを考えるとき，わが国独特の困った事情がある．それはワンマン運転における運賃収受の問題である．車椅子使用者が LRV を利用しようとするとき，部分低床車でも十分に目的を達することができる．ところが，わが国の路面電車はその大部分が採算上の理由からワンマン運転であり（連結運転などの長編成の場合はツーマンでも実質はワンマンと同じ），路線によって多少やり方は異なるけれども，例えば前乗り方式であれば運転手のいる最前部のドアから乗車してそこで運賃を支払い，降りるときは乗務員のいない後方のドアまで移動することを強いられる．外国はそうではない．海外の大抵の都市では停留所や車内で乗車券を売っており，これを買ってパンチを入れたものを持っていさえすれば，別に見せたり出したりしなくても下車できる．乗った同じドアから降りても一向にかまわないのである．

　乗車券を全員から回収しない代わり，ときどき 2, 3 人の検札係が抜き打ちで乗り込んできて一斉に乗車券を調べ，持っていないと目の玉が飛び出るような罰金をとる．この罰金が無賃乗車の抑止力となっているというのが海外のやり方である．失礼ながらわが国よりもかなり治安の悪いような国でもこのシステムでやっているのだから，わが国でもできないことはないと考えられるが，お役所の規制でもあるのだろうか．その結果，わが国では障害者でも乗車口から乗り，降車口から降りるという車内移動を余儀なくされ，部分低床車では問題の答になっていないというのは残念なことである．

　わが国は IC の利用にかけては世界でも最先端を行くのであるから，例えば JR の Suica のような IC カードによる確認など，車内を移動しなくてもよいスマートな運賃収受方式の開発が望まれる．

100％低床車

　ところで，床が低い方が乗り降りが楽なのは健常者とても同じことである．そこで，いっそ 100％低床車を，という声も少なくない．これに応えて 1990 年頃からドイツ，イタリアなどのヨーロッパ諸国で 100％

写真 4-54 ジュネーブの電車の乗降口
低床部の床面高さは480mmで，車外に1段ステップがある．

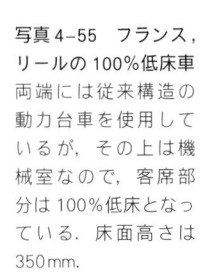

写真 4-55 フランス，リールの100%低床車
両端には従来構造の動力台車を使用しているが，その上は機械室なので，客席部分は100%低床となっている．床面高さは350mm．

写真 4-56 広島電鉄のグリーンムーバー
5車体連接で正真正銘の100%低床車である．両端と中央の車体に車輪があり，床面高さは330mm，ドイツ製で，毎年増備が続けられている．

低床車が競って開発されている．それらは当然，従来の概念の台車を持たず，長い車軸もなく，ちょうど昔自転車の後ろにつけたリヤカーのような独立の車輪を直接（勿論ばねを介して）構体に取り付ける構造が多い．駆動機構も従来のものとは全く異なるものとなる．車輪部分の車内への出っ張り（タイヤハウスという）を座席にするなどの苦心をしているが，軌間の広い路線ならばこうした設計も比較的容易である．100％低床車は欧米各国の多数の都市に登場している．

構体と台車が一体となっている関係上，曲線を通過するときは構体が折れ曲がる必要があり，100％低床車は連接構造である．従来の連接車は台車を介して両側の車体が接続されていたが，低床車の場合は両側の構体が直接ヒンジで接続される．

わが国も低床車時代に

わが国の低床車の嚆矢は1997（平成9）年8月に登場した熊本市電の9700形(142頁，写真4-30)である．ドイツのアドトランツ（Adtranz）社のライセンスによりわが国の新潟鐵工所（現・新潟トランシス㈱）が製作した2車体連接の100％低床車で，床面高さはレール面から360 mmである．1999年，2001年と増備され，2002年現在5編成ある．停留所の時刻表にはこの車両のマークがついているから，車椅子利用者も事前に時刻を調べておいて利用できる．

2番手は広島電鉄5000形で，これもドイツのシーメンス（Siemens）社が製造し，最初の編成は1999（平成11）年3月，空輸でわが国へ到着した．シーメンス社が「コンビーノ」の名称で製作しているもので，広島ではボディの緑色から「グリーンムーバー」の愛称で呼ばれている．前面のデザインや，日本の路線に適合させるための設計変更等を日本のアルナ工機（現・アルナ車両㈱）が担当した．5車体連接車で，奇数番目の車両にだけ車輪があり，偶数番目の構体は前後の構体から吊り上げられている．やはり100％低床車で，床面高さは330 mmである．2002年3月現在，9編成目が入線している．現行の昼間のダイヤでは広島駅〜宮島口間には22編成が使用されるが，予備を含めた半分の12編成まで導入し，1本待てば必ず低床車が来るというサービスを目指しているという．2006年からは近畿車両など国内メーカーによる5車体連接100％低床車，5100形の導入が始まっている．

2000（平成12）年7月に名古屋の名鉄美濃町線用として日本車両（日

写真 4-57 グリーンムーバーの乗車口
低い安全地帯とほぼ水平なのがわかる．均一運賃ではないので，入り口で整理券を取るか，カードを通す必要がある．

写真 4-58 名鉄美濃町線の 800 形
写真 4-48 の 600 形を置換する目的で投入された．試験的に一時期，福井鉄道に貸し出されたこともある．

写真 4-59 美濃町線 800 形の側面
中央ドアのステップが折り畳まれている．この部分が 420mm の低床で，両端に向けて床が傾斜している．台車部分の切れ込みから傾斜がわかる．

本車輛製造㈱）で新製されたモ800形は国産の部分低床車である．車体中央ドアのステップ高さが380mmでここに出入口があり，前後は1/10の勾配で高くなっていて，床面のスロープに合わせて台車の車輪径が前後で異なり，大径の方が駆動輪である．両端部での床面高さは720mmあるので一応通常の概念でいう台車が使用できるから，本質的には従来の車両構造と特に相違はないといえる．

2002（平成14）年2月，鹿児島市電に登場した1000形も，純国産の100%低床車である．広島を手掛けたアルナ工機製，3車体連接で，車輪のない中央の車体が乗客の乗る部分であり，両端の短い車体には運転席しかない．この部分は床が高く，車輪の上に載っている．つまり車輪のない中央車体だけを100%低床としたので，よく考えれば実質いわゆる部分低床車と同じ構造である．

つづいて四国の伊予鉄道松山市内線に部分低床車2両，同じ四国の土佐電気鉄道に3車体連接の部分低床車が登場した．いずれもアルナ製で，同社ではこれらの低床式LRVに「リトルダンサー」（同名の映画もあるようだが，ここでは"段差が少ない"の意味をこめてある）の名称をつけている．函館市電にも，既存車両の改造だが中央部の床のみを低くした20%部分低床車が登場し，岡山，高岡（万葉線），長崎…と路面電車のある各都市に導入が続いている．

2000（平成12）年5月に成立した「交通バリアフリー法」（通称，正式には「高齢者，身体障害者等の公共交通機関を利用した移動円滑化促進法」）をきっかけに駅におけるエスカレータやエレベータの設置，ノンステップバスの導入など，公共交通関係のバリアフリー化が急ピッチで進められているが，低床路面電車もこれの一環なのである．広島電鉄のグリーンムーバーを例にとると，車両の製作費は在来形に比較して約40%割高の1編成3.4億円だそうであるが，この法律のおかげでちょうどその40%分に相当する金額が国，県，市町村から補助されるという．

欧米に大きく遅れていたわが国の路面電車の近代化ではあるが，21世紀に入って俄然，拍車がかかったようである．

2006年4月に，旧JR富山港線を大改修して発足した「富山ライトレール」は新潟トランシス製の5車体連接100%低床車7編成が投入され，現在のわが国で「低床車」で運行される唯一の路線である．

5章 椅子物語*

1 椅子と腰掛

　この章では車内に備えられる椅子を取り上げる．まずその名称であるが，章のタイトルは「椅子」としたものの，似たような言葉に「腰掛」「座席」等がある．どう違うのだろうか．『広辞苑』を開いてみると，

　　　　椅　子　　うしろによりかかりのある腰掛け．
　　　　腰　掛　　腰を掛ける台．
　　　　座　席　　すわる席．
　　　　席　　　　すわる場所．

とあって，さっぱり要領を得ない．
　「ピアノ椅子」には背もたれのないものもある．「持ち運びできるのが椅子で，動かないのが腰掛だ．」などともっともらしいことをいう人も

いる．では三浦屋の前で助六が腰を下ろしている床几は，どちらなのか．「座席指定」「優先席」など，座席となるとちょっとニュアンスが違うようだ．椅子，腰掛は「もの」で，座席は「場所」だという感じもする．

　JIS「鉄道車両用語」に記載されているのは「腰掛」である．ところが旧運輸省令である普通鉄道構造規則では，その第196条で，「旅客車には，適当な数の旅客用座席を設けなければならない．ただし，特殊な車両にあっては，この限りではない．」とある他に，「座席の表地や詰め物には」難燃性の材料を使用すること，下方に電熱器を設ける場合には防熱板を設けることなどが規定されており，前段は「場所」の意味とも解釈できるが，後段は JIS から考えれば「腰掛」が正しいのではないか．以下この章では椅子，座席についていくつかの話題を取り上げるが，用語についてはそのつど適当に使い分けるのでご容赦願いたい．また，腰掛については，その座る部分（腰掛布団）や背中をもたせる部分（背摺り）の高さ，奥行き，傾斜などの人間工学的問題や，扉と合わせた車内における配置の問題，クロスシートとロングシートとの割り振りなどさまざまな話題もあるが，これらはすでにかなり専門的に論じられてもいるので本書ではあまり触れないことにする．

2　ラッシュと座席

　毎日電車で通勤，通学しておられる方にとって，座れるかどうかはかなりの関心事であろうと思われる．乗る電車を何本か遅らせて行列に並んだり，わざわざ途中駅で降りて始発電車に乗り換えたり，途中駅で降りる人の顔を覚えたり，涙ぐましい努力を惜しまないのも，座りたい一心からといえる．そうなると電車の側でもひとりでも多くの乗客に座ってもらうような設備を心がけることが肝要ではあるが，座るどころか，乗れるかどうかというような混雑路線では，ラッシュ時には座席はともかく，ひとりでも多く乗ってもらうことが先決になってしまう．

　ところで，ラッシュには多くの乗客を収容し，ラッシュ時以外はできるだけ多くの人に座ってもらうという，一見相反する2つの課題に対応している車両の例を3つほどご紹介しよう．

京阪5000形　　1970（昭和45）年に登場した19m5扉車である．ラッシュには5扉の威力を発揮して乗降をすみやかにさばくが，ラッシュ

*）このタイトルから，在五中将の「伊勢物語」を連想された読者がおられただろうか．

写真 5–1　昼間の京阪 5000 形
中央部分が昇降式座席だが，両側の固定座席に見劣りしないふくらみがわかる．

写真 5–2　ロングシート時の近鉄 LC 車
ロングシートでもなかなか快適な座席構造である．

写真 5–3　クロスシート時の近鉄 LC 車
観光路線でしかも長距離運転の多い近鉄ならではのアイデアといえる．

時を過ぎると2番目と4番目の扉は締切りとなり、天井から座席が降下してきて3扉車に変身してしまう．東京メトロ日比谷線やこれに乗り入れている東武にも5扉車はあり、ラッシュ時以外3扉車になるのは同じだが座席はない．京阪の場合、扉部分の座席にもちゃんとクッションが効いており暖房もあるという完璧なもので、まことにユニークな存在といえよう．7両編成7本は今日も健在である．

JR6扉車　　1990（平成2）年山手線に登場したサハ204形は20m6扉車である．20m4扉車編成の中の混雑のもっともひどいと思われる位置を選んでこの車両が連結された．ドアが6ヵ所あるばかりでなく、ドア間にある座席がラッシュ時には折り畳まれて壁に収納されており、何と座席0なのである．午前10時になると車掌からのスイッチ操作でロックが解除され座席が使用できるようになるが、クッションのない板のようなしろもので、おまけに座席数も少ないから、昼間はどうしても敬遠される．現在では山手線の他、京浜東北線はじめ首都圏各線に進出している．全編成に組み込まれた路線は別として、列車によってこの車両が連結されているという路線では、先頭車に「6 Doors」という表示をしている（写真は178頁）．

近鉄LC車　　1997（平成9）年登場の5800系と呼ばれる電車である．大阪線、奈良線、京都線で特急以外の列車に使用されている．ラッシュ時は縦座席だが、ラッシュを終わると各シートが90度回転して、横座席に変わるというこれまたユニークな車両である．

長手方向（シートがレール方向）を一般に縦座席（ロングシート）、これと直角方向（シートが枕木方向）を横座席（クロスシート）というが、縦座席の方が立客を多く収容できるので、通勤用の車両は縦座席、多少余裕のある長距離列車は横座席というのが世界的にほぼ常識である．縦座席では座っている乗客のすぐ前に立客がおり、座っていても心理的にくつろげず、弁当を食べることもできない．一方横座席では前面、あるいは向かい側も同じ座席だから空間も確保されているし立客とは隔離され、気にならない．LC車は同じ車両が時間帯によってこの2通りに変化するのである．

以前の京阪特急（クロスシート）にはドア脇にパイプの折り畳み椅子が積み込んであった．当時は大阪京橋を出ると京都七条までノンストップだったから、京橋でドアが閉まると安心して椅子を拡げたものである．現在でも首都圏の京急をはじめ、ドア付近に補助椅子を備えた電車はか

写真 5-4 名鉄普通車の補助席
出入り口付近が広いと，ラッシュ時の混雑緩和には効果的だろう．

写真 5-5 袖仕切のない戦後の国電
座席下の蹴込み板も不揃いである．1958 年撮影，鶴見線のクハ 16．

写真 5-6 角ばった袖仕切と縦ポール
天井側にも仕切り桁があり，格調高いがやや暗い．東武博物館のデハ 5．

なりある．いずれもラッシュには使用できないようにしているのは前記のJR6扉車と同様である．

3　腰掛の袖仕切

つぎなるテーマは，ロングシート端部にある「袖仕切（袖板）」と呼ばれる部分の構造についてである．

袖仕切はソファでいえばひじ掛けに相当する．戦後物資のないときには，袖仕切なしの車両もあった．それどころか，戸閉め装置を収納する部分を除いて腰掛そのものがほとんどない車両が当たり前だったのである．

袖仕切は，座席の一番端に座った乗客がひじを掛けるためのものであると同時に，扉から出入りする乗降客の流れから着席客を保護する整流板の役目もしており，さらにはドア脇に立つ立客を支え，のしかかって来ないように着席客を保護する役目もある．

古い車両などを見ると仕切り板の機能が重視されていたようで，袖仕切といっても木製のついたてであり，その上辺はおよそ窓の高さだったから，ひじを掛けるには少々高いし，しかもその上に金属の柱が立っていたものもあって，閉所恐怖症まではいかないにしても車内が暗く，開放感が乏しい欠点があるため，一部には仕切としてはやや低いがひじ掛けとして好適な低めのものを採用した車両もあった．

戦時中の車両あたりから，仕切り板に代わって金属パイプのアームレストが登場した．当初はほうろう引きの鋼管だったが，戦後はクロームメッキ，ついでステンレスクラッドパイプなどが使用されている．そして主として混雑の激しい首都圏で，このアームレストから立ち上がって網棚の先端や天井に伸びる立客用のつかみ棒がごく普通に見られるようになった．ただし関西圏ではJRを除いてこの座席端の縦ポールを設けていない会社が多い．出入口の天井部分に吊手が見られないのとともに，やはり首都圏に比べて多少混雑度が低いことの現れと思われる．

次なる変化は，座客用のアームレストよりやや上方に立客がよりかかるための横棒が付加されたことで，水平方向に2本のパイプ材が平行して設けられる恰好になった．京王などは現在もこのスタイルであるが，他の路線では最近2本のパイプ材のうち上の方を座客から見て外側に，実測によると30〜50mm張り出すように曲げている．これは立客が座

写真 5-7 ついたて状の袖仕切
昔の電車のごく標準スタイル．1963 年撮影，新京成クハ 20．

写真 5-8 2 段に設けられた横棒
上下ともストレートで，張り出していない．京王 8000 系．

写真 5-9 縦棒 2 本のデザイン
立客側に大きく張り出している．東京メトロ東西線．

席客にのしかかるのを防ぎ，一方座席客はややひじを開いたくつろいだ恰好で座れるための工夫である．元来人間の身体は猫と違って腰幅よりも肩幅の方が少し広いから，ひじから上に対しては座席部分よりも多少広いスペースがほしい．座席の端で袖仕切を垂直に建ててしまうと少々窮屈なのである．

さて，袖板がパイプ材になって座席の端部は空気が自由に流通する状態となったが，空調が普及してむれる感じがなくなって見ると，ここが抜けているのが停車時にドアが開いた状態で座席客に対して冷暖房の効果をそぐためか，昔に戻って袖板構造を採用する車両が増えはじめたように思われる．そしてひじ掛け部分にはビロード状のものを当てたり，逆に上段のよりかかり部材を布で巻いたり各社さまざまな気くばりが見られ，座席の端部は絶好の観察ポイントのひとつである．新機軸を随所に採り入れているJR東日本の231系では，車内の内壁等にFRP（ガラス繊維などで強化したプラスチック）を多用しているが，袖仕切もFRP製で，座席側は窪み，立客側はふくらんだ形状となっている．

なお袖仕切ではないが，似たような役割をするのがロングシートが車両端部や運転室などの仕切り壁と接する部分である．昔の車両ではこの部分に座席と同じビロードを張ったりして身体が直接壁板に触れないような配慮が見られ，京王井の頭線の未更新車などにはまだ見られるが，近頃の車両はただの壁のままである．福岡地下鉄がこの壁にも袖仕切と同じようなひじ掛けを取り付けていたり，阪急京都線の特急クロスシート車が車端部の長手方向座席にもクロスシート部と同じようにカバー付きのひじ掛けを設けているのは特記に値する．なお富山地鉄のクロスシート車がドア脇の座席にも新幹線発生品の本物のリクライニングシートを長手方向に設けていて，当然立派なひじ掛けが1人分ずつついているが，これは構造的にロングシートではないから他社と比較するわけにはいかないだろう．

4　腰掛の人数割り

ロングシートを所定の人数で座ってもらうための各社の工夫を見てみよう．

以前は乗客一人あたりの座席幅の目安を430 mmとしていたそうである．第2次大戦前に製造されたいわゆる「旧形国電」では，17 m車

写真 5-10 人数を示したステッカー
大体表示より1人少なく座っている．京成3215．

写真 5-11 中央1人分だけ色を変えたシート
さる大学教授のアイデアだという．

写真 5-12 模様で人数割りを示したシート
生地の光り具合からみて，守られているようだ．（大阪市地下鉄）

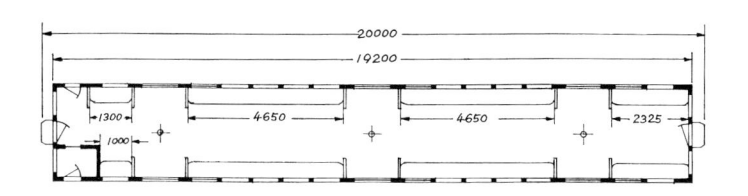

図 5-1　国電モハ 41 形平面図

　や 20 m 4 扉車の窓 4 個分の扉間の座席長さは 3,500 mm，車端部が 1,750 mm でほぼ統一されており，それぞれ 8 人と 4 人で座るものとするとひとり当たりは 437.5 mm となる．これが同じ旧型国電のモハ 41 やクハ 55 などの 20 m 3 扉車になると扉間で 4,650 mm，車端部で 2,325 mm が標準だったようだが，例えば後者を 5 人で割るとひとり当たり 465 mm とかなり広く，6 人で割ると 387 mm でせますぎることになる．またこれらの車両には運転室後の 1,000 mm とか，その向かい側の 1,300 mm とかいろいろな寸法があり，要するに座席人数から座席長さを決めるというよりは，客室内を割りつけ，余ったスペースには極力座席を設けて適当に座ってくれということだったようである．なお当時は，布団の切れ目も必ずしも座る人数に合わせたものではなかったらしい．

　日本人の体位ならびに生活スタイルが向上したおかげで，現在では 1 人当たりの座席幅も 450 mm 以上が望ましいとされている．20 m 4 扉車の場合，JR も私鉄（東急，東武，南海など）も扉間の座席は 7 名でシートの長さは 450 × 7 = 3,150 というのが標準のようだが，同じ片運転台車で比較すると，座席定員は昔のモハ 63 が 56 人だったのにクモハ 103 では 48 人に減少しているのは，ゆったり座ることのほかに扉脇の立客のスペースをとった結果のようである．なお同じ 20 m 4 扉車でも京王は 8000 形で 1 人当たり 440 mm になったばかり，7000 形までは 430 mm であった．近鉄のロングシートは奥行きはゆったりしているが幅に関しては現在も 430 mm である．

　一方同じ都営浅草線に乗り入れる各社の車両は，18 m 3 扉，扉間座席定員 8 名ということは統一されているものの，1 人当たりの幅は京成 3700 形や北総（旧・住都公団）の 9100 系（C-Flyer）が 440 mm，京急

写真 5–13　1人毎に布団を分けたシート
クッションは固く，座り心地はよくない．京成 3700 形．

写真 5–14　中央に1人座らせるための袖仕切
仕切りの脇から席が埋まって行く心理をついた設計．(東急)

写真 5–15　区分位置に縦ポールを設ける
やや強引だが効果的なようだ．

1500形が450 mm，都営5300形が460 mmと微妙な相違がある．また同じ18 m 3扉車でも割りつけの違う東急1000系などは4,100 mmで9人であり，1人あたりは456 mmほどになる．

つぎに幅そのものもさることながら，想定した人数で座って貰うための手段である．例えば同じ地下鉄浅草線に乗っても，都営5300形だったらならおとなしく8人で座るところだが，京成の車両だと7人でゆったり座りたくなる．そこで京成車に登場したのが「ここは8人がけです」などというステッカーで，座席上部のカーテンきせに貼られている．現に座っている客ではなく，座りたそうにしている立客にアピールする作戦のようで，それなりに成功しているといえる．東武でも窓柱に似たような文言のプレートがあるが，こちらは字が小さく目立たない．

しかしステッカー，マナーポスター等は無視されればそれまでで，いかにも非力である．次の手は，シートに模様をつけて視覚に訴えることである．ロングシートは両端からふさがってゆくようだが，7人掛けシートにちゃんと7人座ってもらうためには，シート中央に確実に誰かが座るということが重要であり，この人が左右にずれて座るとたちまち6人掛けになってしまう．8人掛けも同様にシート中央の切れ目の両側に1人ずつ座ってもらう必要があり，両端からゆったりと6人が座っていると，中央の境目にまたがって7人目が座れば満席になってしまう．

JRで，7人掛けのシートの布団が3＋4で切れている上に，4人側の布団の中央寄りの1人の色を変えているのは，ここに1人座らせるためである．また，シート全体に1人分ずつの模様をつける例もある．

これでも，無視して座られてしまうとその模様が見えなくなり効果がない．そこで，1人分ずつ布団を縫い込んで凹ませたものが現れた．これはかなり強力であるがその境目に座ってみても座れないことはない．

今度は，布団を1人分ずつに分割してバケットタイプにしてしまうことである．これは一応の決定版らしく，目下各社とも在来車にも遡及して採用している．

東急では，扉間の7人のシートの3＋4の布団の切れ目に中間の袖仕切りを設けている．またJR 209系やE231系では，7人のシートが2＋3＋2になるように，シートの中間2ヵ所に掴み棒を設けている．これはいささか強引で目障りでもあるが，効果はあるようだ．

定員で座ってもらうための究極の，そしてスマートな手段は，1人ずつ区分された座席をゆったりと並べることである．ロンドン地下鉄では，

写真 5-16　1人ずつひじ掛けのあるシート　直接他人に触れることを嫌う紳士の国では当然の配慮である．ロンドン地下鉄．

写真 5-17　1人毎に背摺りを分けたシート　座布団の方は公園のベンチ並だが…．ジャカルタのインドネシア国電．

写真 5-18　ストーブ列車の車内　国鉄時代は電気暖房に改造されていたが，これを撤去してストーブを設置した．津軽鉄道の旧国鉄客車．

ロングシート車でも1人毎にひじかけが設けられている．ジャカルタの電車には，最近わが国でも駅ホームのベンチによく見られるような，1人ずつ分かれたプラスチックの背ずりが使用されている．

5 暖房装置

例によって『普通鉄道構造規則』をひもとくと，第194条の「客室」のところに，

　　十　必要に応じ暖房装置又は冷房装置を設けること．

とだけ規定がある．法令は保安上のことが中心であり，快適性などはお役所が規制することがらではないのだろう．また車両の運転される地域の気候によって必要性も一律ではない．しかしわが国では全国的に冬は一応寒いので，トロッコ列車などのオープンカーを除いて貨車以外のほとんどすべての車両が暖房装置を備えている．その場所は，主として座席の下である．

　わが国の列車がもっぱら蒸気機関車に牽引されていた時代，客車の暖房には機関車から供給される蒸気が利用された．電化されて電気機関車になると，冬季暖房のためだけにわざわざ「暖房車（記号ヌ）」というボイラを積んだ車両を機関車の次位に連結していたことも記憶に新しい．旅客専門の大型電機では重油焚きのSG（蒸気発生装置）を搭載していた．

　ところでひと昔前のローカル線では，混合列車（34頁参照）というものが運転されていた．貨車と客車を一緒に連結して機関車が牽引したのである．貨車は途中駅で切り離したり連結したりしなければならないので機関車寄りであり，客車は最後尾である．駅に着くと機関車は貨車の入れ換えに行ってしまい客車はしばしの間ホームに置き去りとなる．このように機関車と客車の間に貨車が入り，おまけに機関車がときどきいなくなるというのでは，蒸気管がつながらないし蒸気の連続供給もできない．ところが混合列車が運転されるような路線は東北や北海道などのローカル線が多いから，暖房は不可欠である．冬季にボックスシートを2組撤去してストーブを設置するストーブ列車はこうした必要から生まれたものである．これに使われる客車は屋根に通風器の他に煙突がついており，「定員　夏88名　冬80名」などと書いてあったものだ．ストー

写真 5-19 座席端部にヒータを増設した元東急車
東京ではヒータの置けなかった位置にも，北国では無理やり設置しなければならない．青森県の十和田観光電鉄．

写真 5-20 座席下のシースヒータ
腰掛下が吹き抜けの新しい電車では座席の裏側に下向きのヒータが取り付けられている．JR209系．

写真 5-21 立ち席のヒータ
混雑対策か，座席を撤去した跡にヒータと手すりが設けられている．富山地鉄．

ブの燃料はお手のものの石炭である.

　現在津軽鉄道に走っているストーブ列車は混合列車ではないが, 観光目的にこの情景を再現しているもので, 燃えさかる火を眺めながらスルメを焼いて一杯やるという, 他の暖房装置では真似のできない体験ができる.

　その後の国鉄〜JRでは旧型客車もすべて電気暖房となり, 混合列車もとうの昔に姿を消しているが, 貨物列車の最後部に連結されていた「車掌車(記号ヨ)」には最近までストーブが残っていたのではないだろうか.

　さて, 気動車で自動車と同じようなエンジン排熱を利用した温水温風ヒータを使用する他, 現在の電気車・客車ではほとんどが電気暖房である.

　電気暖房の初期のものはらせん状のニクロム線をケースに収めたような器具であったと想像されるが, 最近のものはシースヒータと呼ばれる発熱管を使用するものが普通である. これは鋼管の内部にニクロム抵抗線を封入し, 周囲に熱伝導度のよい絶縁粉末を充填したもので, シース(sheath)は外被の意, シーズというのは俗称である.

　電気ヒータはユニットになっているので, これを腰掛の長手方向に適当な間隔で設置すれば車内全体としては所定の暖房効果が得られるけれども, ヒータの真上に座った人とそうでない人では暖かさに格差がある. また短いシートにはヒータが配置されないこともあるから, 昔の車両では座る前にシートの下に手をかざしてヒータの有無を確かめる必要があった. 最近ではユニットの半端になる部分にも補助ヒータを設けるなどして, 腰掛全長にわたってまんべんなく暖房効果が及ぶように配慮されている.

　また, 以前は腰掛下の床上にヒータを設置して, いわばお尻を温めていたわけだが, 現在では蹴込み板の裏面に縦姿勢で取り付けて足元を直接温めるようになっており, 座布団は温まらない設計である. これは近年車両の難燃化対策として考え方が変わったためで, 『普通鉄道構造規則』の「旅客用座席」のところを見ると,

　　「下方に電熱器を設けている場合にあっては, 電熱器の発熱体と座席との間に不燃性の防熱板を設けること」(第196条3項の二)

と規定されている.

　腰掛下は戸閉め装置, 非常用ドアコックをはじめいろいろな機器の設

写真 5-22 座席収納状態の JR 6 扉車
収納された座席の下にヒータがある．

ツールボックス

新聞記事

「パンタグラフ特急から落下」．これは 2001（平成 13）年 3 月 6 日の新聞の見出し，「安全最優先の新型連結器，走行中の分離相次ぐ」．これは 2001（平成 13）年 1 月 22 日の新聞の見出しである．前者を読むと，新宿駅に到着した特急「スーパーあずさ」から重さ約 120 キロのパンタグラフが線路脇に落ちたという．JR 東日本は，「ほとんど例がない」として原因解明を急いでいる，というが，けが人もなかったことからその後これをフォローする記事もなく，読者としては謎のままに終わった．「スーパーあずさ」といえば 29 頁に紹介したように「振り子電車」で，パンタグラフの取り付け構造も一般車とは違うのはわかるが，それにしてもあんなものがそっくり落下するとは尋常ではない．

後者は走行中の分離事故が連続 2 回発生したのを受けての報道で，JR 東日本の新聞発表に図解による説明があったと見え，新聞にも図が載っているが，十分理解できる記事とはなっていない．著者（石本）はたまたま内部の方を通して詳しい情報を得たので納得できたが，かなり特殊な構造なので，普通の新聞記者にそこまでの分析力を期待するのは無理というものだろう．それに例えばかつての桜木町事故のような重大事故ならともかく，一般読者にとってはどうでもよいこのような事故に続報が出る訳もないので，謎の残るケースが多い．

Tool Box

置場所として利用されることがある．従来型の床上ヒータだとこれらを避けて配置する必要があったが，蹴込み板の裏面に移ったことにより，腰掛全長にまんべんなく取り付けが可能となった．

　最近，立席にも暖房が見られる．JR東日本のE217系では運転席後や連結端に立席スペースがあり，ここにヒータが設けられているし，富山地方鉄道ではワンマン化のため運転室寄りの座席を撤去したが，その部分にヒータを設けている．各社の車椅子スペースにも今後暖房が普及するだろう．

　電気式の床暖房もお座敷列車など特殊な車両に採用されているらしいが，一般車ではあまり効率的でないように思われる．もっとも，抵抗制御で床のうすい一部の電車などは，「年間を通じて床暖房」状態といえなくもない．

　暖房は（冷房も同じだが）デッキの有無等の車体の構造によって効果がかなり異なる．デッキ付きで窓が開閉しない特急車両などでは車内の空気の入れ換えを兼ねて冷暖房というより空調設備と呼ぶのがふさわしい設備を設ける例が多いが，窓が開閉し，駅毎にドアが開閉する通勤形電車では冷暖房の効率はかなり低下する．退避駅での一部扉の締切りなど，冷暖房を支援するシステムが採用されつつあることは喜ばしい．

あ と が き

　本書の1章から4章までは著者が雑誌『金属』（アグネ技術センター）に「鉄道車両のパーツ」として1999年10月号から2002年5月まで連載したもの，また5章は同じく雑誌『鉄道ピクトリアル』（電気車研究会）に連載した「パーツ別車両観察学」の一部を若干補筆したものである．
　なお，著者には上記の連載以外にも本書に含まれるテーマでつぎのような発表がある．

「路面電車の集電装置について」『鉄道ピクトリアル』誌臨時増刊「路面電車～LRT」2000年7月号．
「車両パーツに見る輸入技術」『鉄道ピクトリアル』誌2001年1月号．
「鉄道車両用集電装置の発達」日本機械学会講演会，技術と社会部門，京都大学，1999年11月．
「ウエスチングハウス式密着連結器について」日本機械学会関東支部総会講演会，埼玉大学，2000年3月．
「ヴァン・ドーン式密着連結器について」日本機械学会2000年度年次大会講演会，技術と社会部門，名城大学，2000年8月．
「ウイルソン式自動連結器について」日本機械学会講演会，玉川大学，2000年11月．
「トムリンソン式密着連結器について」日本機械学会関東支部講演会，東京農工大学，2001年3月．

　取材や執筆にあたっては，別記した多数の関係者をはじめ，久保　敏，高井薫平，吉川文夫，森山　淳ほかの多くの方から資料やご教示をいただき，またアグネ技術センター，電気車研究会の各位にお世話になった．末筆ながら厚くお礼申し上げる．
　ところで，上記『金属』誌の連載の中で本書に収録したもの以外のさまざまなパーツについては，「製作現場を訪ねる」と題し，本書の姉妹篇として近日中に刊行する予定である．本書と合わせ，お目通しいただければ幸いである．

　　　2004年春　　　ひぐらしの里にて

　　　　　　　　　　　　　　　　　　　　　　石本　祐吉

参考文献

【 全　般 】

1) 運輸省鉄道局監修『注解鉄道六法』第一法規，1996年.
2) 国土交通省鉄道局監修『注解鉄道六法』第一法規，2003年.
3) 大塚誠之助監修『鉄道車両－研究資料』日刊工業新聞社，1957年.
4) 久保田博『鉄道用語事典』グランプリ出版，1996年.
5) 久保田博『鉄道重大事故の歴史』グランプリ出版，2000年
6) 鉄道百年略史編さん委員会『鉄道百年略史』鉄道図書刊行会，1972年.
7) 電気車研究会編『国鉄電車発達史』鉄道図書刊行会，1957～1958年.
8) 和久田康雄『やさしい鉄道の法規』成山堂，1997年.
9) 石本祐吉『増補版・鉄のほそ道』アグネ技術センター，1998年.
10) 石本祐吉「パーツ別車両観察学」『鉄道ピクトリアル』誌連載,電気車研究会.
11) 電気車研究会『鉄道ピクトリアル』誌各号.
12) ジェー・アール・アール『私鉄車両編成表』各年版.
13) 日本工業規格 JIS E 1311 ほか.
14) 関係特許公報.

【 1章　パンタグラフ物語 】

1) 山之内秀一郎『新幹線がなかったら』東京新聞社，1998年.
2) 佐藤芳彦『世界の高速鉄道』グランプリ出版，1998年.
3) William D.Middleton『WHEN THE STEAM RAILROAD ELECTRIFIED』Kalmbach Books，1974年.
4) 東洋電機製造㈱『パンタグラフー一般的解説』（パンフレット）
5) 柴田　碧「パンタグラフの力学」東京大学鉄道研究会『てつろ』第23号，1958年.
6) 松山晋作「パンタグラフ　すり板とトロリー線」『金属』誌，アグネ技術センター，2000年2月号.

【 2章　連結器物語 】

1) 交友社編『近代改訂・図解客貨車』交友社，1984年.
2) 大久保寅一『図解：客貨車名称事典』国書刊行会，1979年.

【 3章　台車物語 】

1) 日本機械学会『鉄道車両のダイナミクス』電気車研究会，1994年.

2) 吉雄永春「台車のすべて」『鉄道ピクトリアル』誌連載,電気車研究会.
3) 鈴木光雄「住友金属の台車」『鉄道ピクトリアル』誌連載,電気車研究会.
4) 小泉智志『住友金属のKS台車』（住友金属工業㈱,部内資料）
5) 真鍋裕司「わが国におけるWN駆動の発達課程」『鉄道史学』第14号,鉄道史学会,1995年12月.

【 4章　構体物語 】

1) 日本路面電車同好会編『世界の最新形路面電車2』日本路面電車同好会,2001年.
2) 井上弘史「鉄道車両のリサイクル」『鉄道の日記念講演会講演録』交通博物館,2000年.
3) 服部守成「鉄道車両用構体の変遷」『金属』誌,アグネ技術センター,2000年2月号.

【 5章　椅子物語 】

1) 石本祐吉「パーツ別鉄道車両観察学」『鉄道の日記念講演会講演録』交通博物館,2000年.

取材協力（一般公開等によるものを除く）

アルナ工機（現・アルナ車両）	尼崎工場（兵庫県尼崎市東難波町,当時）
京成電鉄	宗吾車両基地（千葉県印旛郡酒々井町）
京浜急行電鉄	久里浜工場（現・京急ファインテック,神奈川県横須賀市舟倉町）
京阪電気鉄道	寝屋川工場（大阪府寝屋川市木田元宮）
京福電気鉄道	京都鉄道部（京都市中京区）
新京成電鉄	くぬぎ山車両基地（千葉県鎌ケ谷市くぬぎ山）
住友金属工業	関西製造所（大阪市此花区）
JR貨物鉄道	大宮車両所（さいたま市大宮区錦町）
東京急行電鉄	長津田工場（横浜市青葉区恩田町）

索　引（事項・人名・メーカー）

〔　〕　正式名称
（→）（←）名称変更

〔あ〕

朝顔形連結器……………………………41
アドトランツ社（Adtranz, ドイツ）…………159
アライアンス式（自動連結器）……………51
アルストーム式（軸箱支持方式）…………83
アルナ工機（→〔アルナ車両㈱〕）………96, 159
案内（連結器の）………………59, 61, 63
イコライザ，イコライザ形（台車）……79, 89
ヴァン・ドーン式（密着連結器）……63, 67
─────社（Van Dorn Coupler Co., アメリカ）
　　………………………………………………63
ウイルソン式（連結器）……………………55
ウインドシル……………………………133
ウエスチングハウス式（密着連結器）…61
─────社（Westinghouse, アメリカ）
　　………………………………………………111
エジソン（Thomas Alva Edison）…………3
S形ミンデン（台車）………………………85
SG（蒸気発生装置）…………………175
LRT, LRV………………………………155
LC車……………………………………165
オイルダンパ……………………………95
大物車……………………………………71

〔か〕

貨車用台車……………………………78, 98
カルダン式（駆動方式）…………………111
川崎重工〔川崎重工業㈱〕…………96, 106
緩衝器（バッファ）………………………41
汽車会社〔汽車製造㈱〕………………96, 97
基礎ブレーキ……………………………101
軌道法……………………………………88
魚腹（fishbelly）台枠…………………125
近畿車両〔近畿車輛㈱〕…………………85
空気ばね………………………………93, 95
クロスシート（横座席）…………………165
Klöckner-Humboldt-Deutz社（ドイツ）……83
ケーブルカー……………………………5
蹴込み板…………………………166, 179
ゲルリッツ形（台車）……………………81
─────社（Görlitz, ドイツ）……………81
鋼体……………………………………125
交通バリアフリー法……………………161
コレクタ・シュー（集電靴）………………5
混合列車……………………………34, 175

〔さ〕

シースヒータ……………………………177
シーメンス（Ernst Werner von Siemens）159
ジーメンス社（シーメンス, Siemens, ドイツ）
　　…………………………………………………5
JR総研〔（財）鉄道総合技術研究所〕…………3
JR東日本　新津車両製作所…………96, 140
磁気探傷……………………………92, 117
軸重………………………………………71
軸箱守（pedestal）………………………75
軸ばね式（台車）……………………79, 91
下枠交差形（パンタグラフ）………………17
柴田式（自動連結器）…………………51, 53
─────（回り子式）密着連結器…………59
車両限界……………………………125, 147
車輪旋盤…………………………………114
シャロン式（自動連結器）…………………51
ジャンパ…………………………………69
自由回転車軸台車………………………120
重力式……………………………………4
集電靴（コレクタ・シュー）………………5
集電舟……………………………………23
シュリーレン式（台車）……………………85
─────社（Schlieren, スイス）…………85
錠（連結器の）……………………49, 53
シングルアーム形（パンタグラフ）………17
ステンレス構体…………………………140
ストーブ列車……………………………175
砂撒き装置………………………………119
スプレイグ（Frank Julian Sprague），スプレイグ式………………………………5, 7
住友金属〔住友金属工業㈱〕……………83
すり板………………………15, 25, 29, 31
Zパンタ……………………………………11
操重車……………………………………71
操舵台車……………………………73, 121

〔た〕

第三軌条…………………………………5, 13
第三セクター……………………………96

台車枠	75	100％低床車	157
ダイレクトマウント式（台車）	87, 97	ビューゲル	11
台枠	129	VVVF制御	7, 115
縦座席（ロングシート）	165	富士重工〔富士重工業㈱〕	96
WNドライブ	111	普通鉄道構造規則	68
玉山形鋼	87	フック式（連結器）	41
暖房車	175	部分低床車	157
地方鉄道法	88	振り子式，振り子台車，振り子式車両	29, 119
張殻構造（モノコック構造）	127	ブリル社（J.G.Brill Co., アメリカ）	79
掴み棒	173	ブレーキシリンダ	103
釣り掛け式	109	ヘッダ	133
TGV	29, 47	ペデスタル形（台車）	79
T字形集電装置	19	偏差カプラ	65, 67
帝国車両〔帝国車輌工業㈱〕	96	ボウ	11
低床車，低床式電車	口絵7, 159	棒連結器	33
ディスクブレーキ	105	ボールドウィン社（Baldwin, アメリカ）	79
鉄道運転規則	68	ボルスタ・アンカー	85, 87, 119
鉄道に関する技術上の基準を定める省令	68	ボルスタレス台車	87, 97, 119
電気ブレーキ	105		
電気連結器	69	〔ま〕	
東急車両〔東急車輛製造㈱〕	96, 140	マキシマム台車	71, 74
東洋電機製造㈱	111	枕ばね	76, 77, 99
トーションバー	93, 95	回り子	59
トムリンソン式（密着連結器）	61, 69	───式（密着連結器）	59
トラス棒	125	右手の法則	49, 59
トロリーバス	6, 9	密着式自動連結器	57
		密着連結器	59
〔な〕		三菱電機〔三菱電機㈱〕	111
ナタール社（Nuttal）	111	ミンデン式（台車）	83
ナックル（knuckle）	49, 53	モノクラス	98
───開き（knuckle opener）	53	モノコック構造	147
並連（なみれん，自動連結器）	47		
新潟鉄工所（→〔新潟トランシス㈱〕）		〔や〕	
	96, 159, 161	八幡製鐵所（日本製鐵→〔新日本製鐵㈱〕）	89
日本国有鉄道法	88	ユーロスター	13
日本車両〔日本車輛製造㈱〕	96, 159	有限要素法	127
日本製鋼所〔㈱日本製鋼所〕	67	揺れ枕（ボルスタ，bolster）	75
乗り上がり脱線	99	───吊り	76
		ヨーダンパ	119
〔は〕		横座席（クロスシート）	165
バッド社（Budd Co., アメリカ）	140	吉峰鼎，吉峰法	127
バッファ（緩衝器）	41		
ばね下，ばね下重量	99, 109, 113	〔ら〕	
張り上げ屋根	127	らせん式（連結器）	43
ハンプ（hump）	35	ラッピング	143
ひし形パンタグラフ	13	リーマボルト	91
日立製作所〔㈱日立製作所〕	67, 96	離線	27

リニア新幹線……………………………………5
リニアモータ…………………………………113
────カー……………………………………5
リベット………………………………131, 132
輪軸………………………………………………75
レールブレーキ………………………………107
レールリニア…………………………………113

レベリングバルブ（自動高さ調整弁）………97
6扉車……………………………………165, 178
ロングシート（縦座席）……………………165

〔わ〕

ワンマン運転，ワンマン…………………9, 157

索　引 (鉄道名・線名・施設名)

〔　〕　正式名称
(→　)(←　) 名称変更

〔あ〕

IGRいわて銀河鉄道……………………………96
荒川線→都電荒川線
伊豆急〔伊豆急行㈱〕………………………106
伊勢鉄道㈱………………………………………98
茨城交通㈱………………………………………98
伊予鉄道㈱松山市内線…………………154, 161
上田電鉄㈱……………………………………149
碓氷峠………………………12, 36, 65, 66, 97, 107
────鉄道文化むら…72, 88, 89, 90, 106, 118
営団，営団地下鉄→
　東京メトロ〔東京地下鉄㈱〕
えちぜん鉄道㈱（←京福電気鉄道福井鉄道部）
　………………………………………………10, 96
大井川鉄道㈱
　大井川本線………………………………151
　井川線……………………………………54
大阪市営地下鉄〔大阪市交通局〕……113, 170
岡山電軌〔岡山電気軌道㈱〕…口絵7, 22, 161
尾小屋鉄道………………………………42, 130
小田急〔小田急電鉄㈱〕
　1000系…………………………………102, 136
　1500系………………………………………82
　SE車………………………………………124

〔か〕

岳南鉄道㈱………………………26, 149, 151
鹿児島市電〔鹿児島市交通局〕………152, 161
川崎製鉄→千葉製鉄所
関東鉄道㈱………………………………………50
蒲原鉄道㈱…………………………………72, 80
京都市電〔京都市交通局〕…………………130
────電気鉄道（→京都市電）……7, 108
近鉄〔近畿日本鉄道㈱〕………………6, 60
　生駒ケーブルカー……………………………4

─── 国　内 ───

2200系…………………………………………134
LC車……………………………………164, 165
熊本市電〔熊本市交通局〕……………142, 159
────電鉄〔熊本電気鉄道㈱〕……146, 149
栗原電鉄（→〔くりはら田園鉄道㈱〕）………4
黒部峡谷鉄道㈱…………………………43, 44
京王〔京王電鉄㈱←京王帝都電鉄㈱〕……127
　2700系………………………………………126
　3000系…………………………………146, 149
　8000系………………………………………168
京急〔京浜急行電鉄㈱〕………38, 39, 61, 115
京成〔京成電鉄㈱〕………9, 63, 80, 82, 90,
　100, 118, 170, 173
　1500形………………………………………132
　3500形…………………………102, 115, 134
　3700形………………………………………172
　AE-1形………………………………………84
京阪〔京阪電気鉄道㈱〕
　5000形…………………………………163, 164
　石山坂本線……………………………………8
　寝屋川車両工場…………………………96, 120
京浜線，京浜東北線（国鉄→JR東日本）
　…………………………………13, 127, 137, 165
京福電鉄〔京福電気鉄道㈱〕………………103
　嵐山線（嵐山本線）…………………………61
交通博物館……………………52, 108, 116, 129
弘南鉄道㈱………………………………146, 149
神戸市営地下鉄〔神戸市交通局〕……112, 113
────市電〔神戸市交通局〕………………74
────電鉄………………………………………107
郡山操車場（国鉄→JR東日本）……………34
国鉄〔日本国有鉄道㈱〕車両（→JR各社）
　貨車………………………………48, 72, 78, 98
　客車…72, 80, 84, 88, 90, 120, 130, 150
　蒸気機関車…………………………………118

索引
185

電気機関車……………12, 36, 66, 106
電車（国電）………口絵 3, 口絵 8,
　　　　116, 124, 140, 166, 171
国土交通省（工事用機関車）………40

〔さ〕

佐賀関鉄道〔日本鉱業㈱、当時〕……………55
相模鉄道㈱……………………104, 128, 142
　700 系…………………………………115
山陽〔山陽電気鉄道㈱〕……63, 126, 136, 143
JR 貨物〔日本貨物鉄道㈱〕………33, 35, 138
──九州〔九州旅客鉄道㈱〕……………………60
──四国〔四国旅客鉄道㈱〕……………………68
──東海〔東海旅客鉄道㈱〕……………………106
──東日本〔東日本旅客鉄道㈱〕（新幹線は別記）
　　　　……………………………口絵 6
　103 系……………………86, 104, 138
　209 系………………24, 104, 115, 173, 176
　E217 系………………………119, 179
　E231 系………………115, 169, 173
　オール 2 階電車〔クモハ 215 形〕………24
　大井工場………………………口絵 6, 116
　大宮工場………………………口絵 1, 72
　6 扉車……………………………165, 178
　交直流電車〔E501 系〕…………………22
　スーパーあずさ〔E351 系〕
　　　　………………16, 29, 121, 178
　成田エクスプレス〔E251 系〕……39, 118
四国鉱発㈱……………………………………56
清水港線（国鉄）……………………………150
住都公団〔住宅・都市整備公団〕（→北総鉄道㈱）
　　　　……………………………………171
上信電鉄㈱……………………………………142
常磐線（国鉄→ JR 東日本）
　快速電車……………………………39, 138
　交直流電車………………………………22
上毛電気鉄道㈱………………………………151
新京成電鉄㈱………31, 78, 82, 105, 124, 168
　くぬぎ山車両基地
　　　　……………31, 92, 110, 114, 116, 140
西武鉄道㈱………………………73, 74, 86
瀬野〜八本松（国鉄→ JR 西日本、山陽本線）
　　　　………………………………36, 37
仙台市電〔仙台市交通局〕……………………10
相鉄→〔相模鉄道㈱〕

〔た〕

高岡〔万葉線㈱〕……………………………161
高松琴平電鉄〔高松琴平電気鉄道㈱〕………151
玉野市営鉄道……………………………………5
秩父鉄道㈱……………………………148, 151
千葉製鉄所〔JFE スチール㈱東日本製鉄所
　　千葉地区〕…………………口絵 4, 55
中央線（国鉄→ JR 東日本）……………21, 31
銚子電鉄〔銚子電気鉄道㈱〕…12, 66, 67, 145
津軽鉄道㈱……………………………174, 177
鶴見線（国鉄→ JR 東日本）……………86, 166
ディズニーリゾートライン〔舞浜リゾートライン〕
　　　　……………………………………139
鉄道連隊〔帝国陸軍鉄道聯隊〕………………42
東海道・山陽新幹線（JR 東海、JR 西日本）
　　　　………………18, 19, 115, 126, 126
東急〔東京急行電鉄㈱〕……100, 104, 106,
　　　　108, 110, 128, 172
　5000 系………………24, 124, 144, 147
　7000 系………………………140, 146, 147
　世田谷線………………39, 54, 154, 155
　長津田工場…………104, 108, 110, 114
東京都電〔東京都交通局〕……………………10
　荒川線………………………39, 40, 155, 156
東京メトロ〔東京地下鉄㈱〕（←帝都高速度
　交通営団）……………19, 61, 62, 69,
　　　　130, 145, 168, 170
東武〔東武鉄道㈱〕……………………102, 166
　日光軌道線………………………………120
　矢板線……………………………………34
東武博物館……………………………120, 166
東北・上越新幹線（JR 東日本）………………38
　200 系……………………………………26
　こまち〔E3 系〕…………………17, 18, 38
　Max〔E444 系〕…………………………128
都営地下鉄〔東京都交通局〕……61, 113, 171
土佐電氣鐡道㈱………………………151, 161
栃尾電鉄〔→越後交通㈱〕……………………55
富山地鉄〔富山地方鉄道㈱〕…88, 148, 176, 179
富山ライトレール㈱…………………………161
十和田観光電鉄㈱……………………………176

〔な〕

内国勧業博覧会…………………………7, 109
苗穂工場（国鉄→ JR 北海道）………………114
長崎電気軌道㈱………………90, 92, 151, 161
長野電鉄㈱……………………………144, 149

名古屋市営地下鉄〔名古屋市交通局〕……… 58
南海〔南海電気鉄道㈱〕……………………… 26
南部縦貫鉄道㈱………………………………… 50
新潟交通㈱……………………………………… 67
西鉄〔西日本鉄道㈱〕…………………… 61, 82

〔は〕
博物館・明治村→明治村
箱根登山鉄道㈱………………………………… 107
八高線（国鉄→JR東日本）………………… 125
阪急〔阪急電鉄㈱〕…………………………… 139
阪神〔阪神電気鉄道㈱〕………… 63, 66, 67, 139
PCCカー………………………………………… 106
肥薩おれんじ鉄道……………………………… 96
日立電鉄㈱………………………………… 144, 145
広島電鉄㈱……………………………… 40, 151, 159
　　グリーンムーバー〔5000形〕… 158, 159, 160
福井鉄道㈱……………………………………… 150
福岡市営地下鉄〔福岡市交通局〕…………… 113
福島交通㈱……………………………………… 149
北総鉄道㈱（←住都公団）…………………… 171

北陸鉄道㈱………………………………… 148, 151

〔ま〕
松本電鉄〔松本電気鉄道㈱〕…………… 86, 151
万葉線〔万葉線㈱〕…………………………… 171
水島臨海鉄道㈱（←倉敷市交通局，当時）… 130
水間鉄道㈱……………………………………… 149
明治村〔博物館・明治村〕
　　京都市電…………………………………… 8, 130
　　御料車……………………………………… 50
　　蒸機列車……………………………… 46, 128
名鉄〔名古屋鉄道㈱〕……………… 58, 78, 166
　　美濃町線……………… 73, 74, 154, 159, 160

〔や〕
山手線（国鉄→JR東日本）……………… 137, 165
ゆりかもめ〔㈱ゆりかもめ〕………………… 14
横須賀線（国鉄→JR東日本）………………… 39
横浜高速鉄道㈱………………………………… 149
横浜市営〔横浜市交通局〕…………………… 6

索引

187

―――― 海　外 ――――

〔アメリカ〕
イリノイ・セントラル鉄道…………………… 61
グレート・ノーザン鉄道……………………… 5
サウスカロライナ鉄道………………………… 33
シカゴの地下鉄………………………………… 6
ターボトレイン………………………………… 152
ニューヨーク近郊の電車……………………… 18
フィラデルフィア市電………………………… 106
ボストンの都市交通…………………………… 137
ロック・アイランド鉄道……………………… 132

〔イギリス〕
イギリス鉄道（BR）…………………………… 13
ロンドン地下鉄………………… 126, 173, 174

〔インドネシア〕
貨車の連結器…………………………………… 56
気動車…………………………………………… 152
客車の台車……………………………………… 80
国電の座席……………………………………… 174

〔スイス〕
ジュネーブの路面電車………………………… 156

〔スペイン〕
TALGO…………………………………………… 121
国鉄線の架線…………………………………… 28
マドリード地下鉄……………………………… 20

〔ドイツ〕
ドイツ鉄道（DB）の貨車……………………… 48

〔フィンランド〕
ヘルシンキの国電……………………………… 152

〔フランス〕
国電の連結部…………………………………… 48
TGV………………………………… 47, 115, 121
パリ北部の路面電車…………………………… 156
リールの100%低床車………………………… 158

〔ロシア〕
国電の連結器…………………………………… 56
市電…………………………………………… 口絵2
シベリア鉄道「ロシア号」……………… 37, 57
電車特急ER200のパンタグラフ……………… 20

著者紹介

石本　祐吉（いしもと　ゆうきち）

- 1938 年　東京に生まれる
- 1960 年　東京大学工学部機械工学科卒業
-   〃　　川崎製鉄㈱入社
  　　　　千葉製鉄所，東京本社技術本部，エンジニアリング事業部に勤務
- 1995 年　石本技術事務所開設
- 1980 年より年 2 回のサロンコンサート「春秋会」を主宰
  　　　　「赤門鉄道クラブ」「赤門軽便鉄道保存会」「産業考古学会」
  　　　　「鉄道史学会」各会員

著　書
『紳士の鉄道学』（共著），青蛙房（1997 年）
『鉄のほそ道』アグネ技術センター（1996 年，増補版 1998 年）
『オーケストラの楽器たち』アグネ技術センター（2000 年）

鉄道車両のパーツ　パーツ別電車観察学

2004 年　7 月 31 日　初版第 1 刷発行
2006 年 10 月 31 日　初版第 2 刷発行

著　　者　　石本　祐吉 ©

発 行 者　　比留間　柏子

発 行 所　　株式会社　アグネ技術センター
　　　　　〒107-0062　東京都港区南青山 5-1-25　北村ビル
　　　　　TEL　03（3409）5329　　FAX　03（3409）8237

印刷・製本　　株式会社　東京技術協会

Printed in Japan, 2004, 2006

落丁本・乱丁本はお取り替えいたします。
定価の表示は表紙カバーにしてあります。

ISBN4-901496-17-4 C0065